南京网格学院网格员培训气象专题知识读本

南京市气象灾害及防御指南读本

南京市气象局　编著

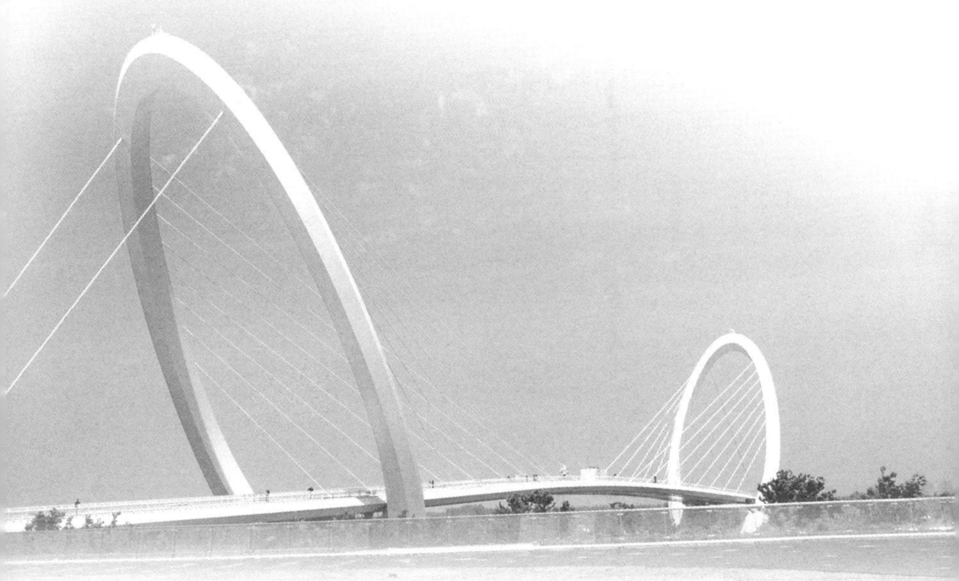

气象出版社
China Meteorological Press

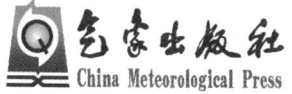

图书在版编目（CIP）数据

南京市气象灾害及防御指南读本 / 南京市气象局编著. —北京：气象出版社，2020.10
ISBN 978-7-5029-7313-1

Ⅰ.①南… Ⅱ.①南… Ⅲ.①气象灾害－灾害防治－南京 Ⅳ.①P429

中国版本图书馆 CIP 数据核字（2020）第 214288 号

南京市气象灾害及防御指南读本

Nanjing Shi Qixiang Zaihai ji Fangyu Zhinan Duben

出版发行：气象出版社
地　　址：北京市海淀区中关村南大街 46 号　邮政编码：100081
电　　话：010-68407112（总编室）　010-68408042（发行部）
网　　址：http://www.qxcbs.com　　E-mail：qxcbs@cma.gov.cn
责任编辑：邵　华　张玥滢　　　　　终　审：吴晓鹏
责任校对：张硕杰　　　　　　　　　责任技编：赵相宁
封面设计：楠竹文化
印　　刷：中国电影出版社印刷厂
开　　本：889×1194　1/32　　　　印　张：3
字　　数：60 千字
版　　次：2020 年 10 月第 1 版　　　印　次：2020 年 10 月第 1 次印刷
定　　价：25.00 元

本书如存在文字不清、漏印以及缺页、倒页、脱页等，请与本社发行部联系调换

《南京市气象灾害及防御指南读本》编写组

组　长：刘　聪

成　员：韩照全　李正金　金　琼　陈　曲
　　　　姜有山　叶兴荣　戴竹君　高　玚
　　　　张澄铖　范　烨　何　婧　朱筱英

前　言

推进创新网格化社会治理机制工作,是破解基层社会治理难题、提升城市治理体系和治理能力现代化水平的有效路径。截至2019年,南京全市划分网格12853个,网格划分横向到边、纵向到底。为了破解气象信息传播的"最后一公里"难题,南京市气象局积极推动气象防灾减灾融入网格化社会治理体系,增强气象灾害防御和服务保障民生能力。为了不断提高网格员应对气象灾害的能力,特编制《南京市气象灾害及防御指南读本》,以期有效提升基层气象灾害预警传播和防御效能。

目 录

前言

第 1 章
气象基础知识 / 001

1.1 气象观测 / 001
1.2 天气现象 / 010
1.3 常见气象名词 / 014
1.4 常用预报用语 / 018

第 2 章
南京市地理及气候概况 / 021

2.1 南京市地理环境 / 021
2.2 南京市气候特点 / 024
2.3 气候要素 / 026

第 3 章
南京市主要气象灾害影响及防御指南 / 035

3.1 暴雨 / 035
3.2 高温 / 038

3.3　台风　/ 041

3.4　雷电　/ 045

3.5　暴雪　/ 048

3.6　大风　/ 051

3.7　大雾　/ 054

3.8　冰雹　/ 056

3.9　低温、冰冻天气　/ 058

第 4 章
气象信息获取　/ 061

4.1　传统媒体　/ 061

4.2　新媒体　/ 062

4.3　南京市社区治理一体化信息平台中的气象信息　/ 064

第 5 章
网格员气象工作指南　/ 067

5.1　主要职责　/ 067

5.2　工作流程　/ 068

附录 1　天气预报产品的制作　/ 071

附录 2　南京市突发事件预警信息发布管理办法　/ 073

附录 3　江苏省灾害性天气预警信号图标　/ 080

第 1 章

气象基础知识

1.1 气象观测

1.1.1 定义

气象是指大气中表现出的所有物理（包括部分化学）过程和现象。气象观测是借助仪器和目力对气象要素和气象现象进行的测量和判定。常见的观测项目有云、能见度、气压、空气的温度和湿度、降水量、风向和风速、地面温度（含草温）、蒸发、日照、雪深、天气现象等。

气象站按承担的观测任务和作用可以分为国家级地面气象站（包括国家基准气候站、国家基本气象站、国家一般气象站）和区域气象观测站。目前南京有5个国家级地面气象站，分别是南京国家基准气候站（图1.1）、浦口国家一般气象站、溧水国家一般气象站、高淳国家一般气象站、六合国家一般气象站，另外还布设有156个区域气象观测站。

图 1.1　南京国家基准气候站

1.1.2　基本气象要素

（1）云：云是悬浮在大气中的小水滴、过冷水滴、冰晶或由它们的混合物组成的可见聚合体；有时也包含一些较大的雨滴、冰粒和雪晶。其底部不接触地面。

①云的分类。根据层次高度将云分为高云、中云、低云（图 1.2）。

高云是指由冰晶构成的，云底的高度一般在 4500 米以上，具有蚕丝般的光泽，薄而透明的白色云。高云包括卷云、卷层云和卷积云三属。

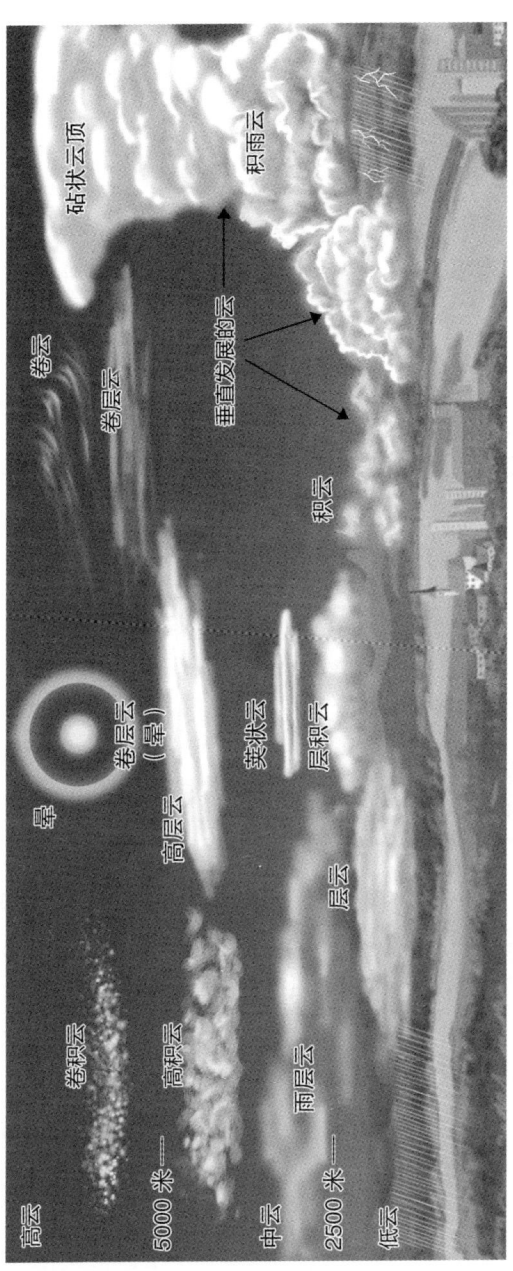

图 1.2 云的类别与分布

卷云是由很小的冰晶组成，在空中分布稀疏，具有丝缕状结构，分离散乱且浅薄的白色云。卷云是云中最高的云，在清晨或傍晚，在阳光反射下，常呈鲜明的黄色或橙色。

卷层云是全部由冰晶组成的一层白色透明的云幕，透过云层能清晰地辨认太阳或月亮的轮廓，白天能看见地面上物体的影子，常有晕环（环绕日、月的半径为22度或46度的内红外紫的光圈）。

卷积云是由冰晶组成的一种外形类似鳞片或由球状细小云块组成的白色浅薄且有柔丝般光泽的云片或云层，常排列成行或成群，很像轻风吹过水面所引起的小波纹。一般生成及消散都比较快。

中云是指云底高度一般为2500～4500米，由水滴或冰水混合构成的灰白或灰色的云。中云包括高层云、高积云两属。

高层云顶部多为冰晶组成，主体部分多为冰晶和水滴混合组成，云层厚度一般为1000～3000米。高层云是南京地区春、秋、冬三个季节里常见的降水云层，颜色呈灰白或灰色，有时微带蓝色，外形为带有条纹或纤缕结构，云底没有显著起伏的均匀云层。云体水平范围广，布满天空。可产生间歇或连续性的雨、雪。

高积云主要由水滴组成，有时也有过冷却水滴或冰晶存在。外形与卷积云相似，但块状更大更厚，外形呈扁圆形、鱼鳞片、瓦块状或水波状的密集云条，成群、成行、成波状排列的白色或灰白色云。在薄的高积云上，常可见环绕日月的虹彩，或颜色为外红内蓝的华环。

低云的云底高度一般低于2500米，由水滴或冰水混合构成。低云包括积云、积雨云、层积云、层云、雨层云五属。

积云、积雨云又称为对流云。积云包括碎积云、淡积云、浓积云。碎积云是指低而破碎、中部较厚、外形似棉花的白色低云。当碎积云演变成底部呈水平直线,顶部呈圆弧状,形似面包状,但顶部高度小于底部长度时就成为淡积云。当淡积云顶部再往上发展,呈重叠的圆弧形凸起很像花椰菜时就成为浓积云。浓积云垂直发展旺盛时,云体臃肿、高耸,可产生短时间的降水。

浓积云再进一步发展,顶部花椰菜状的凸起会逐渐模糊,当顶部出现白色毛丝般光泽的丝缕结构,外形常呈铁砧状或马鬃状的冰晶云时,浓积云就发展成为积雨云,又称雷雨云。积雨云常产生雷暴、闪电、阵雨(雪),或有雨(雪)幡下垂。有时产生飑或降冰雹、霰。云底偶有龙卷产生。

层积云是由云块个体差不多大的团块、薄片或条形云组成的云群或云层,常成行、成群或波状排列。层积云有时可产生雨、雪,通常量较小。

层云是指低而均匀的灰白色或灰色云层,像雾,但不接地,仅几十米至几百米,且厚度不大,常能将小山或高建筑物的顶部淹没。云薄时日月的轮廓清晰可辨,好似白色玉盘。层云如果分裂成破碎不规则的碎片就叫碎层云。层云常生成于夜间,日出后慢慢消散,日变化明显。

雨层云是指厚而均匀的降水云层,颜色呈暗灰色,布满天空。雨层云产生的降水强度变化缓慢呈连续性,降水持续时间长且降水强度大。云底高度通常在 600～2000 米,厚度一般为 4000～6000 米。

在降水云层下由于雨滴蒸发,云下湿度增大,经扰动凝结形成碎云,这种由降水产生的附属云称作碎雨云。

②云的指示性。能直接或间接地反映大气层状况,对未来的天气变化也有一定的内在联系与指示作用的云称指示性云,一般指辐射状、钩状、堡状、絮状、荚状等特殊云形。

辐射状云与钩状云,常常预示着锋面逐渐迫近,天气将变坏,不久要下雨。例如卷层云、高积云呈辐射状向天空发展、系统出现的钩卷云。

卷积云的出现,表明本地上空有低压槽移近,是晴向阴雨天转换的征兆,有"鱼鳞天,不雨也风颠"之说。

堡状高积云、絮状高积云的出现说明中空大气层不稳定,夏季早晨出现絮状高积云常是雷雨天气的征兆。堡状高积云多见于冷锋来临前,表示天气即将急剧转坏。

(2)能见度:能见度是气象站判断某些天气现象及强度的重要指标,是表征气团特性的要素之一。气象台站人工观测业务中能见度以有效水平能见度为准(图1.3)。所谓有效水平能见度,是指四周视野中二分之一以上的范围里都能看到的目标物的最大水平距离。

图1.3 能见度仪

能见度记录以千米(km)为单位,取1位小数。

(3)气压:气压是气象观测站最基本的观测项目之一。地面气象观测测定本站气压和海平面气压。本站气压指测站气压表或气压传感器所在高度上的气压,海平面气压指对测站本站气压经高度订正到海平面上的气压。气压均以百帕(hPa)为单位,取1位小数。

(4)气温:气温即空气温度。地面气象观测测定的空气温度是观测场百叶箱内离地1.5米高度处的气温。百叶箱是安装温、湿度仪器用的防护设备(图1.4)。气温以摄氏度(℃)为单位,取1位小数。

(5)空气湿度:空气湿度是表示空气中的水汽含量和潮湿程度的物理量。可以用来表征湿度的地面气象观测要素有水汽压、相对湿度和露点温度。

水汽压:空气中水汽作用在单位面积上的压力。水汽压以百帕(hPa)为单位,取1位小数。

相对湿度:空气中实际水汽压与当时气温下的饱和水汽压之比。相对湿度以百分数(%)表示,取整数。

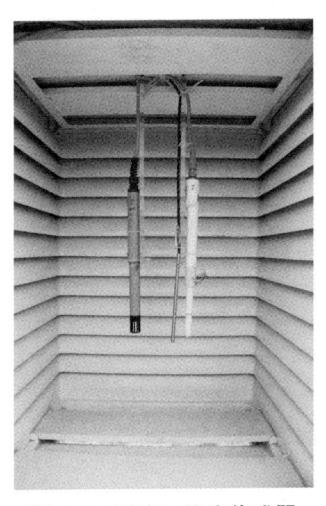

图1.4 温度、湿度传感器

露点温度:空气在水汽含量和气压不变的条件下,降低气温达到水汽饱和时的温度。露点温度以摄氏度(℃)为单位,取1位小数。

(6)降水量:降水量是指某一时段内的未经蒸发、渗透、流失的降水,在水平面上积聚的深度(图1.5)。降水量以毫米(mm)为单位,取1位小数。

（7）风向和风速：气象观测站观测离地面10米高度处的水平风向风速，风向是指风的来向，风速是指单位时间内空气移动的水平距离。风向以度（°）为单位，记录平均风向采用十六方位法，即用16个地理方位来表示，记录最多风向。风速以米/秒（m/s）为单位，取1位小数。

（8）地面温度（含草温）：地面温度也称为地表温度，为气象观测站观测场内裸地上的地表温度（图1.6）。草温观测是指高度距地6厘米的草面温度。地面温度（含草温）以摄氏度（℃）为单位，取1位小数。

图1.5 雨量筒

图1.6 地温传感器

（9）蒸发：气象站测定的蒸发量是水面（含结冰时）的蒸

发量,它是指一定口径的蒸发器中(图 1.7),在一定时间间隔内因蒸发而失去的水层深度。蒸发以毫米(mm)为单位,取 1 位小数。

图 1.7 蒸发皿

(10)日照:日照是指太阳在一地实际照射的时数。在给定时间,日照时数定义为太阳直接辐照度达到或超过 120 瓦/米^2 的时间总和,日照时数也称实照时数(图 1.8)。日照以小时(h)为单位,取 1 位小数。

(11)雪深:雪深是从积雪表面到地面的垂直深度,当气象站四周视野地面被雪覆盖超过一半即测站达到记录积雪天气现象标准时要观测的雪深。雪深以厘米(cm)为单位,取整数。

图 1.8 日照计

1.2 天气现象

1.2.1 定义

天气现象是指发生在大气中、地面上的一些物理现象。它包括降水现象、地面凝结现象、视程障碍现象、雷电现象和其他现象等。

1.2.2 降水现象

降水现象指云中液态、固态水凝物或二者的混合物向地面降落并能够产生降水量的天气现象，共 11 种：

（1）雨：强度变化较缓慢的滴状液态降水，下降时清楚可辨，落在水面上会激起波纹和水花，落在干地上可留下湿斑。

（2）阵雨：开始和停止都较突然、强度变化大的液态降水。

（3）毛毛雨：稠密、细小而十分均匀的液态降水，下降情况不易分辨，看上去似乎随空气的微弱运动飘浮于空中，徐徐落下，迎面有潮湿感，落在水面无波纹，落在干地上只是均匀地润湿，地面无湿斑。

（4）雪：大多是白色不透明的六出分枝的星状、六角形片状结晶的固态降水。降水强度变化较缓慢。

（5）阵雪：阵性的雪，其性质、降水云层和阵雨相同。

（6）雨夹雪：半融化的雪（湿雪），或雨和雪同时下降。出现雨夹雪时近地气层温度在零摄氏度以上。

（7）阵性雨夹雪：具有阵性特点的雨夹雪。

（8）霰：白色不透明的圆锥形或球形的颗粒固态降水，直径 2.0～5.0 毫米，下降时常呈阵性，着硬地常反跳，松脆易碎。

（9）米雪：白色不透明的比较扁、长的小颗粒固态降水，直径常小于1.0毫米，着硬地不反跳。

（10）冰粒：透明的丸状或形状不规则的固态降水，较硬，着硬地一般会反弹。直径小于5.0毫米，有时内部有未冻结的水，如被碰碎，则仅剩下破碎的冰壳。

（11）冰雹：坚硬的球状、锥状或形状不规则的固态降水，雹核一般不透明，外面包有透明的冰层，或由透明的冰层与不透明的冰层相间组成。大小差异大，大的直径可达数十毫米，常伴有雷暴出现。它是一种严重的自然灾害。

1.2.3　地面凝结现象

地面凝结现象包括在地面或地物上产生的水汽凝结或凝华的天气现象。地面凝结现象共有4种：

（1）露：水汽在地面及近地面物体上凝结而成的水珠。霜融化成的水珠不是露。常在晴朗微风的夜晚出现。

（2）霜：水汽在地面及近地面物体上凝华而成的白色松脆的冰晶；或由露冻结而成的冰珠。寒冷晴朗微风的夜晚最有利于霜的形成。

（3）雾凇：空气中水汽直接凝华，或过冷却雾滴直接冻结在物体上的乳白色冰晶物。

（4）雨凇：过冷却液态降水碰到地面物体后直接冻结而成的毛玻璃状或透明的坚硬冰层，外表光滑或略有隆突。

1.2.4　视程障碍现象

视程障碍现象是指固态和（或）液态颗粒物悬浮在大气中，影响能见度且其强度与能见度直接相关的天气现象。视程障碍现象共有9种：

（1）雾：大量微小水滴浮游空中，空气相对湿度常为100%或接近100%。常呈乳白色，使水平能见度小于1.0千米。以V表示能见度，雾的预报等级见表1.1。

表1.1 雾的预报等级

等级	能见度
轻雾	1000 米 ≤ V < 10000 米
大雾	500 米 ≤ V < 1000 米
浓雾	200 米 ≤ V < 500 米
强浓雾	50 米 ≤ V < 200 米
特强浓雾	V < 50 米

（2）轻雾：微小水滴或已湿的吸湿性质粒所构成的灰白色的稀薄雾幕，使水平能见度大于等于1.0千米至小于10.0千米。出现时没有雾那么潮湿。

（3）吹雪：由于强风将地面积雪卷起，使水平能见度小于10.0千米的现象。

（4）雪暴：大量的雪被强风卷着随风运行，并且不能判定当时天空是否降雪。水平能见度一般小于1.0千米。

（5）烟幕：大量的烟存在空气中，使水平能见度小于10.0千米。

（6）沙尘暴：由于强风将地面大量尘沙吹起，使空气相当混浊，水平能见度小于1.0千米。沙尘暴分为3个等级（表1.2）。

表1.2 沙尘暴的等级划分

等级	能见度范围
沙尘暴	500 米 ≤ 能见度 < 1000 米
强沙尘暴	50 米 ≤ 能见度 < 500 米
特强沙尘暴	能见度小于50 米

（7）扬沙：由于风大将地面尘沙吹起，使空气相当混浊，水平能见度大于或等于 1.0 千米至小于 10.0 千米。

（8）浮尘：尘土、细沙均匀地浮游在空中，使水平能见度小于 10.0 千米。有浮尘时，远处景物呈黄褐色、灰黄色或土黄色，太阳苍白或微黄。

（9）霾：大量极细微的干尘粒、烟粒、盐粒等均匀地浮游在空中，使水平能见度小于 10.0 千米的空气普遍混浊的现象。霾使远处光亮物体微带黄、红色，而使黑暗物体微带蓝色，相对湿度在 80% 以下。

1.2.5 雷电现象

（1）雷暴：为积雨云云中、云间或云地之间产生的放电现象，表现为闪电并有雷声，有时亦可只闻雷声而不见闪电。

（2）闪电：为积雨云云中、云间或云地之间产生放电时伴随的电光，但不闻雷声。

（3）极光：在高纬地区（中纬度地区也可偶见）晴夜见到的一种在大气高层辉煌闪烁的彩色光弧或光幕。

1.2.6 其他现象

（1）大风：瞬时风速大于或等于 17.2 米/秒（或目测估计风力达到或超过 8 级）的风。

（2）积雪：雪（包括霰、米雪、冰粒）覆盖地面达到测站四周能见面积一半以上。

（3）结冰：指露天水面冻结成冰。

（4）飑：突然发作的强风，持续时间短促。出现时瞬时风速突增，风向突变，气象要素随之亦有剧烈变化，常伴随雷雨出现。

（5）龙卷：一种小范围的强烈旋风，从外观看，是从积雨云（或发展很旺盛的浓积云）底盘旋下垂的一个漏斗状云体。有时稍伸即隐或悬挂空中，有时触及地面或水面。龙卷过境，对树木、建筑物、船舶等均可造成严重破坏。

（6）尘卷风：因地面局部强烈增热，而在近地面气层中产生的小旋风，尘沙及其他细小颗粒物体随风卷起，形成尘柱。

（7）冰针：漂浮于空中的很微小的片状或针状冰晶，在阳光照耀下，闪烁可辨，有时可形成日柱或其他晕的现象。

1.3 常见气象名词

1.3.1 梅雨

梅雨是指初夏时节（每年6月中下旬到7月上中旬）经常出现一段持续较长时节的阴沉多雨天气现象，主要分布于我国长江中下游地区。由于梅雨发生的时段，正是我国江南梅子的成熟期，故称这种气候现象为"梅雨"，此时段便被称作梅雨季节。梅雨季节里，空气湿度大、气温高，衣物等容易发霉，所以也有人把梅雨称为"霉雨"。

南京地处长江下游，经常受到梅雨期暴雨天气的显著影响，抗洪防涝任务艰巨。南京平均入梅日为6月18日，平均出梅日为7月10日，但各年之间梅期长短相差十分悬殊，丰梅年与枯梅年梅雨量差异悬殊。据统计分析，梅汛期的旱涝趋势主宰着全年的旱涝特征，尤其是涝年。

1.3.2 连阴雨

连阴雨是南京春、秋季常年的一种气象灾害，根据《气象灾害定义与分级》（DB32/T 1199—2008，江苏省地方标准）确定连阴雨过程的划定标准：日降水量≥0.1毫米连续7天中有5天或以上，且过程中无雨日的日照时数≤5小时，或连续4天以上出现中雨量级（日降水量为10.0～24.9毫米）以上的阴雨天气，称为连阴雨天气过程。

连续阴雨天气过程，是由降水、日照、气温等多种气象要素异常引起的，其显著特点是多雨、寡照，并常与低温相伴。阴雨天气易造成农作物产量和质量遭受严重影响，诱发作物病害大发生并流行；还可引起储藏的粮食、饲料、食品、衣服等物品的霉变，造成经济损失。

1.3.3　厄尔尼诺

赤道太平洋东部海域反常的一种周期性水温升高现象。在正常年份，秘鲁西海岸的太平洋沿岸地区都受到一股冷洋流控制，一旦出现气候异常，东太平洋的冷洋流被一股暖洋流所代替，使大量冷水系的浮游生物纷纷逃离或死亡，这就是厄尔尼诺现象。

在厄尔尼诺发生时我国出现暖冬的概率较大。在厄尔尼诺年的秋冬季，我国东部容易出现北少南多的降水分布型。在厄尔尼诺年的夏季，我国东北夏季气温异常偏低。大多数厄尔尼诺年，热带风暴偏少。

1.3.4　拉尼娜

赤道太平洋东部和中部海表温度大范围持续异常变冷（连续6个月低于常年0.5℃以上）的现象，通常伴随厄尔尼诺而来，总是出现在厄尔尼诺现象之后，也被称为"反厄尔尼诺"现象。

拉尼娜对我国东北夏季气温有影响。在拉尼娜年，沈阳、长春和哈尔滨夏季气温偏高，华北汛期降水量容易偏多。在拉尼娜期间，西太平洋（包括南海）活动的台风和影响我国的台风都比较多。

1.3.5 温室效应

又称"花房效应"，是大气保温效应的俗称。太阳短波辐射可以透过大气射入地面，而地面增暖后放出的长波辐射却被大气中的二氧化碳等物质所吸收，从而产生大气变暖的效应（图1.9）。

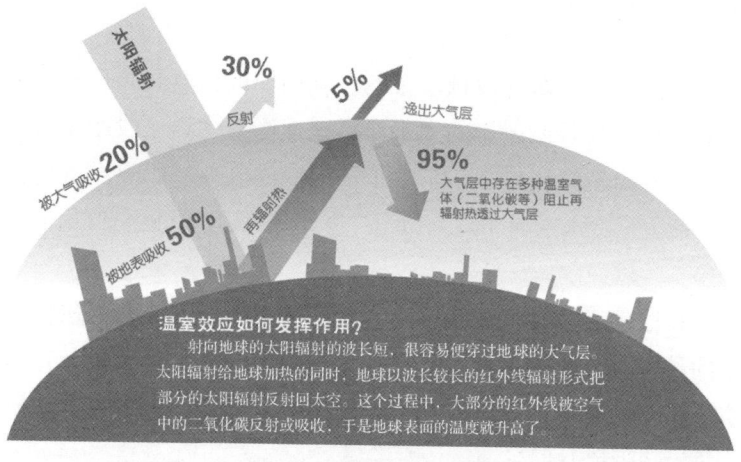

图1.9 温室效应示意图

1.3.6 热岛效应

由于人为原因，改变了城市地表的局部温度、湿度、空气对流等因素，进而引起的城市小气候变化现象（图1.10）。该现象属于城市气候最明显的特征之一。

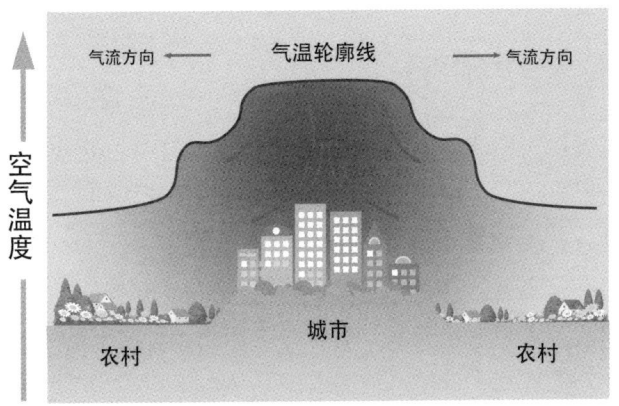

图 1.10 热岛效应示意图

1.3.7 城市内涝

城市内涝是指由于强降水或连续性降水超过城市排水能力致使城市内产生积水灾害的现象。造成内涝的客观原因是降雨强度大，范围集中。降雨特别急的地方可能形成积水，降雨强度比较大、时间比较长也有可能形成积水。有的地方排水管道老化，排水设施不健全，不完善，排水系统建设滞后也是造成内涝的一个重要原因。另外，城市大量的硬化路面，如柏油路、水泥路面，降雨时水渗透性不好，不容易入渗，也容易形成这些路面的积水。

1.3.8 四季

一年中交替出现的四个季节，它不仅是温度的周期性变化，而且是昼夜长短和太阳高度的周期性变化。

1.4 常用预报用语

1.4.1 天空状况用语

晴天：天空无云，或有零星的云块，但中、低云云量不到天空的十分之一，或高云云量不到天空的十分之四。

少云：天空有十分之一到十分之三的中、低云，或有十分之四到十分之五的高云。

多云：天空云量较多，有十分之四到十分之七的中、低云，或有十分之六到十分之八的高云。

阴天：中、低云云量占天空面积的十分之八及以上，或天空虽有云隙，但仍有阴暗之感。

1.4.2 温度用语

今天白天最高温度：指今天白天出现的最高气温。受太阳辐射的影响，最高气温一般出现在下午 2 时左右。气温反常的时候最高气温也可能出现在当天夜间，气象上习惯称之为"气温倒挂"。

明晨最低气温：指第二天早晨出现的最低气温，一般出现在清晨 6 时左右。

明天最低气温：由于受冷空气影响等原因，有时最低气温不是出现在明天早晨，而是出现在明天白天，往往用"明天最低气温"这个用语。

1.4.3 降水用语

局部地区降水：表示在某一个预报区内小于该预报区面积

三分之一的地区有降水。局部指降水分布不均匀,有的地方下雨,有的地方不下雨。

强对流天气:指因气层的强烈不稳定在某种机制(如冷空气或暖式切变等)的促发下,使大气产生强烈的对流扰动而形成的龙卷、冰雹、大风和雷雨强风等灾害性天气。

等级划分:降雨分为微量降雨(零星小雨)、小雨、中雨、大雨、暴雨、大暴雨、特大暴雨共 7 个等级(表1.3)。

表1.3 不同时段的降雨量等级划分表　　　　单位:毫米

降雨量等级划分	12 小时降雨总量	24 小时降雨总量
微量降雨(零星小雨)	< 0.1	< 0.1
小雨	0.1 ~ 4.9	0.1 ~ 9.9
中雨	5.0 ~ 14.9	10.0 ~ 24.9
大雨	15.0 ~ 29.9	25.0 ~ 49.9
暴雨	30.0 ~ 69.9	50.0 ~ 99.9
大暴雨	70.0 ~ 139.9	100.0 ~ 249.9
特大暴雨	≥ 140.0	≥ 250.0

降雪分为微量降雪(零星小雪)、小雪、中雪、大雪、暴雪、大暴雪、特大暴雪共 7 个等级(表1.4)。

表1.4 不同时段的降雪量等级划分表　　　　单位:毫米

降雪量等级划分	12 小时降雪量	24 小时降雪量
微量降雪(零星小雪)	< 0.1	< 0.1
小雪	0.1 ~ 0.9	0.1 ~ 2.4
中雪	1.0 ~ 2.9	2.5 ~ 4.9
大雪	3.0 ~ 5.9	5.0 ~ 9.9
暴雪	6.0 ~ 0.9	10.0 ~ 19.9
大暴雪	10.0 ~ 14.9	20.0 ~ 29.9
特大暴雪	≥ 15.0	≥ 30.0

1.4.4 风的用语

风向划分:天气预报的风向系指风的来向,一般按角度从小到大(0°~360°)用8个方位来表示:东北、东、东南、南、西南、西、西北、北。

风向转变:当未来风向变化达90°或以上时,在风向的预报中一般要加"转"字。

风力等级的划分(表1.5)。

表 1.5 风力等级特征

风力等级	陆地地面物征象
0	静,烟直上
1	烟能表示风向,但风向标不能动
2	人面感觉有风,树叶微响,风向标能转动
3	树叶及微枝摇动不息,旌旗展开
4	能吹起地面尘土和纸张,树枝摇动
5	有叶的小树摇摆,内陆的水面有小波
6	大树枝摇动,电线呼呼有声,举伞困难
7	全树摇动,迎风步行感觉不便
8	微枝拆毁,人行向前,感觉阻力甚大
9	建筑物有小损(烟囱顶部及平层摇动)
10	陆上少见,见时可使树木拔起或使建筑物损坏严重
11	陆上很少见,有则必有广泛破坏
12	陆上绝少见,摧毁力极大

在风力较大时,气象台在风力的预报中,常常加上"阵风",如风力5~6级,阵风7级,意思是:一般(或平均)风力5~6级,最大风力可达7级。"阵风"有短时间或瞬间最大可达的意思。

第 2 章

南京市地理及气候概况

2.1 南京市地理环境

南京，简称宁，是江苏省省会，位于江苏省西南部、长江下游，长江自西南向东北斜贯市境，长约 93 千米。南起北纬 31°14′，北抵北纬 32°37′，西起东经 118°22′，东迄东经 119°14′，东西最大横距约 70 千米，南北最大纵距约 150 千米，市域平面呈南北长东西窄展开，面积 6587.02 平方千米。

2.1.1 地理与自然环境

南京的地貌属宁镇扬山地，低山、丘陵、岗地约占全市总面积的 60.8%，平原、洼地及河流湖泊约占 39.2%。低山、丘陵之间或两侧是地势低平的河谷平原和滨湖平原，沿长江有沿江洲地和江心洲地，其海拔均不到 10 米。长江以北是老山山脉、滁河河谷平原、大片岗地和零星丘陵。长江以南大致可分为3个区域。北部,从沿江到主城区周围,钟山、牛首山、云台山等依次排列,海拔为200～400米;钟山主峰北高峰,海拔448.9米,是宁镇山脉最高峰,其延伸入城内的钟山余脉,自东向西隆起由富贵山、九华山、鸡笼山、鼓楼岗、五台山和清凉山组合成南北分水岭,北侧为金川河流域,南侧属秦淮河流域。中部,从主城区以南到溧水永阳之间,是一构造完整的山间盆地,宁镇山脉、横山和东庐山、牛首山和云台山、茅山环峙四周,海拔在250～400米;秦淮河由南向北贯穿盆地,两侧形成海拔5～10米低平的河谷平原;在山地和平原之间,分布着海拔20～60米的黄土岗地。南部,溧水区南部和高淳区全境,地势东高西低,海拔仅为5～10米的石臼湖和固城湖滨湖平原位于西部,东部为海拔20～40米的黄土岗地;该区域中部,茅山向南延伸的余脉形成海拔约100米的分水岭,东侧为太湖流域,西侧属水阳江、青弋江流域。

由于南京地区以平原为主,所以无论是冬季干冷空气南侵,还是夏季暖湿气流北上,都可以畅通无阻。历史上,丘陵地区易遭干旱,低洼地区又常受渍涝威胁,因此有"高田涝死了亦怕旱,低田旱死了亦怕涝"之说。

全市水域面积约占11%,秦淮河自南向北蜿蜒穿过主城区,是南京的母亲河,玄武湖、莫愁湖是主城区的另外两处水域。河湖水系主要属于长江水系,仅在六合区北部流入高邮湖、宝应湖的河流属淮河水系。长江水系包括江南的秦淮河水系,江北的滁河水系,由沿江两岸独流入江的小河流形成的沿江水系,由石臼湖和固城湖组成的两湖水系,以及高淳东部的西太湖水系。

南京地区境内水面广阔,河网密布,具有有利的自然水利资源，但又因为有些河槽狭窄，致使一到汛期暴雨季水位陡涨，泄洪不畅，低洼地区易遭内涝。江北的滁河水系，在汛期受暴雨和客水等影响，往往超越警戒水位，且水势凶猛，是南京防汛重地。

2.1.2 区划人口

中华人民共和国成立后，南京市域范围和行政区划迭有变更，至 2018 年底，全市辖玄武、秦淮、建邺、鼓楼、栖霞、雨花台、江宁、浦口、六合、溧水、高淳 11 个区，90 个街道，10 个镇，953 个社区，290 个村。常住人口 843.62 万人，其中城镇人口 695.99 万人，户籍总人口 696.94 万人。全市有回、满、蒙古、壮、藏 52 个少数民族族别（缺独龙族、珞巴族、基诺族），常住少数民族人口 13.2 万人，有享受民族乡待遇的镇 1 个、民族村 3 个、民族组 1 个。

2.1.3 经济特点

南京是我国东部地区重要的中心城市、全国重要的科研教育基地和综合交通枢纽，是长江三角洲唯一的特大城市和长三角辐射带动中西部地区发展重要门户城市、首批国家历史文化名城和全国重点风景旅游城市。南京市推进稳增长、促改革、调结构、惠民生、防风险各项工作，推动经济发展质量变革、效率变革、动力变革，其中 2018 年全市经济运行总体平稳、稳中有进、进中提质，全年完成地区生产总值 1.28 万亿元，按可比价计算，比上年增长 8%。

南京市政府实施创新驱动发展 "121" 战略，即建设一个名城，即具有全球影响力的创新名城；打造两个中心，即综合性国家科学中心和科技产业创新中心；构建一流的创新生态体系，把南京建成最鼓励创新、最适合创新、最具有创新活力的城市。

2.2 南京市气候特点

南京具有典型的北亚热带湿润气候特征，四季分明，雨水充沛，春秋短、冬夏长，年温差较大。自 1905 年有气象记录以来，气温经历先上升再下降又上升的变化。冬季常年以东北风为主，1 月平均气温 2.7 ℃，极端日最低气温 -14.0 ℃，出现在 1955 年 1 月 6 日；夏季以东南风为主，7 月平均气温 28.1 ℃，极端日最高气温 43.0 ℃，出现在 1934 年 7 月 13 日。大于 0.1 毫米的年降水日数 113.7 天，最多年降水日数 160 天，出现在 1957 年；年平均降水量 1090.4 毫米，最多年降水量 1825.3 毫米，出现在 1991 年。

2.2.1 冬冷夏热

南京春、秋、冬三季，常有冷空气侵袭，特别是深秋到初春常有强冷空气和寒潮南下，降温急剧，还常伴有大风和冰雪。1954 年 12 月下旬至 1955 年 1 月上旬前期持续受南下的强冷空气侵袭，南京连续 10 天大雪纷飞，积雪深度达 51 厘米（历史之最），1955 年 1 月 6 日出现最低气温 -14.0 ℃（历史极值）。南京地区隆冬季节受寒潮影响，过程降温往往达 15.0 ℃以上（日平均气温），这就处于同纬度的其他城市而言是少见的。

南京盛夏的酷暑、高温历史上全国闻名。年平均高温（日最高气温 ≥ 35 ℃）日数为 13.8 天，年最长连续高温日数为 17 天。2003 年 8 月 2 日南京站极端最高气温达 40.0 ℃。由此可见，南京冬、夏气温冷、热变化悬殊。

2.2.2 旱涝显著

南京年平均降水量1090.6毫米,决定全年旱涝的降水期为5—9月,前期主要是梅汛期降水量的多寡,后期主要是台汛期台风影响的降水,大旱年的年降水量只有常年的一半,而大涝年的年降水量往往超过常年值的5成以上,个别大涝年的年降水量比常年值要多6～8成。

2.2.3 秋冬少雨

南京受季风气候影响,雨热同季,降水和气温随季节变化而同步升降。秋、冬季逐步受干冷的冬季风控制,气温下降,降水量也减少。南京秋季降水量占年降水量的17.3%,冬季则占11.7%,而夏季却占48.0%,部分涝年多达50%～60%。

南京的秋季是一年中气候最好的季节,正是天高云淡、秋风飒爽、遍地金黄的收获季节;也是晴日多,雨日少,湿度适中的旅游季节。历史上(自1905年有气象观测记录以来)10月份连续无雨在20天左右的年份不少于10年,秋季最长无雨时段(如1979年9月26日至11月4日)连续40天无雨;冬季最长无雨时段(如1917—1918年的冬季自12月16日至2月4日)连续51天无雨。秋季总降水量1955年和1991年只有81毫米;冬季1986年只有42毫米。但有的年份由于西太平洋副热带高压势力强盛,南退时间推迟,强盛的暖湿气流和秋季南下的较强的冷空气交汇,造成南京地区的秋雨绵绵。自1905年以来,秋季(9—11月)出现连续雨日在8～9天或以上的时段约20个,个别年份如1985年10月10—31日,连续阴雨达

22 天；1961 年 9—10 月二次连续雨日时段达 20 天，均给秋收带来严重影响。

2.2.4 灾害天气频繁

由于南京所处的特定地理位置，西风带的天气系统及中高纬的冷空气和东风带的天气系统及强盛的暖湿气流均能影响南京，尤其春夏的过渡季节，灾害性天气更是频频发生。因此，南京是长江中下游天气变化最为剧烈的地区之一。

以全年影响南京的天气系统和灾害性天气出现的序列举例，早春寒流造成的低温、阴雨和晚霜冻，春季的持续阴雨，春季的江淮气旋及相伴的暴雨和大风；夏季的梅雨及造成的洪涝，强对流不稳定天气，如冰雹、龙卷等；5 月中旬至 6 月上旬的干热风；受西太平洋副热带高压控制 7—8 月的盛夏高温及伏旱；8—9 月的热带风暴及台风等影响造成的风雨灾害；10—11 月的早霜冻和严重的秋旱及秋季阴雨；冬季的寒潮和冰冻，历史上如 1969 年 1 月 28 日还出现过危害很大的冻雨，伤害树木和电线。

2.3 气候要素

2.3.1 气温

1981—2010 年（下文统计年平均值均采用该时间段）南京年平均气温为 15.9℃，年平均气温的极大值为出现在 2007 年的 17.4℃，极小值为出现在 1984 年的 14.8℃。各月平均气温见表 2.1。

从表 2.1 可以发现，除 7 月的年平均最大值之外，其他

表 2.1 1981—2010 年各月的平均气温

月份（月）	1	2	3	4	5	6	7	8	9	10	11	12
年平均气温（℃）	2.7	5.0	9.3	15.6	21.1	24.8	28.1	27.6	23.3	17.6	10.9	4.9
年平均气温最高值（℃）	5.0	8.8	12.2	18.7	24.0	27.6	30.5	29.8	24.9	20.4	13.6	7.1
出现年份（年）	2002	2007	2002	2005	2007	2005	1994	2010	2005	2006	2005	2004
年平均气温最低值（℃）	−0.2	2.0	6.6	12.8	19.0	22.9	25.9	25.5	21.7	14.9	8.6	2.3
出现年份（年）	1984	1984	1985	2010	1993	1987	1999	1993	1982/1984	1981	2009	1985
最高与最低气温之差（℃）	5.2	6.8	5.6	5.9	5.0	4.7	4.6	4.3	3.2	5.5	5.0	4.8

月份的平均气温最高值均出现在 2000 年之后，对于年平均气温最低值而言，除 4 月、11 月外，其他月份均出现在 2000 年之前，其中 1981—1990 年占比达 58%，由此可见 1981—2010 年期间年平均气温的年代际变化特征，即前期平均气温高于后期。

统计 4 个季节的平均气温得到，春季平均气温为 15.3℃，夏季 26.8℃，秋季 17.3℃，冬季 4.2℃。自 1961 年以来，南京站春季平均气温高于常年值 1.0℃的年份有 10 年，出现在 20 世纪 90 年代后；平均气温低于常年值 1℃的年份有 12 年，大多出现在 20 世纪 90 年代前。夏季平均高温日数为 13.2 天，夏季高温日数超过 20 天的年份有 15 年，最多的年份是 1966 年和 2013 年，高达 37 天。秋季平均气温高于常年值 1.0℃的年份有 4 年，最高的是 18.6℃，出现在 1998 年、2005 年；平均气温低于常年值 1.0℃的年份有 9 年，最低的是 15.2℃，出现在 1981 年；秋季历史极端最高气温为 37.6℃，出现在 1995 年 9 月 7 日；秋季历史极端最低气温为 -6.3℃，出现在 1971 年 11 月 30 日。冬季极端最低气温为 -13.1℃，分别发生在 1977 年 1 月 31 日和 1991 年 12 月 29 日。

表 2.2 是月平均气温的月际变化。由表 2.2 分析可见，秋季降温和春季回暖较急剧而且显著，月间升降达 6～7℃。夏季逐月变化最小。春秋季气温变化剧烈，对农业生产有不利的影响，尤其是小麦，会遭晚霜冻的灾害。而秋季降温急速，易使秋熟作物受骤降的低温袭击。

表 2.2　月平均气温的月际变化

月份（月）	1	2	3	4	5	6
当前月与上月气温差（℃）	-2.2	2.3	4.3	6.3	5.5	3.7
月份（月）	7	8	9	10	11	12
当前月与上月气温差（℃）	3.3	-0.5	-4.3	-5.7	-6.7	-6.0

2.3.2 降水

南京年平均降水量为 1090.4 毫米，年平均极大值出现在 1991 年，为 1825.8 毫米，年平均极小值出现在 1994 年，为 647.9 毫米。表 2.3 统计了各月份降水量的平均值。分析表 2.3 发现，除了个别月份的极值出现在 2000 年以后，绝大多数的旱涝极值均出现在 1981—1999 年，可见 2000 年之后，旱涝的年景变好了。

自 1961 年以来，南京春季降水量高于常年值 5 成的年份有 6 年，其中 1977 年春季降水量高达 484.6 毫米，为 1961 年以来历史最多；降水量低于低于常年值 5 成的年份有 3 年，其中最少的年份是 2001 年，降水量为 92.4 毫米。夏季降水量高于常年值 5 成的年份有 4 年，最多的年份是 1991 年，降水量为 1151.0 毫米；低于常年值 5 成的年份有 4 年，最少的年份是 1966 年，降水量为 167.0 毫米。夏季暴雨日数（日降水量≥50.0 毫米日数）超过 4 天的有 16 年，最多的年份是 1991 年和 2015 年，高达 8 天。秋季降水量高于常年值 5 成的年份有 9 年，其中最多的年份是 2016 年，降水量为 590.8 毫米；降水量少于常年值 5 成的年份有 6 年，其中最少的年份是 1995 年，降水量为 44.9 毫米。冬季降水总量高于高于常年值 5 成的年份有 5 年，大多出现在 20 世纪 90 年代以后，其中最多的年份是 1992 年，为 213.6 毫米；降水总量低于常年值 5 成的年份有 6 年，其中最少的年份是 1967 年，为 45.3 毫米。

从上文统计的结果发现，季降水量的年际变化十分显著，秋季最多年（2016 年）与最少年（1995 年）相差近 13 倍，春、夏、冬季相差 4～6 倍。

表2.3　1981—2010年各月份的平均降水量

月份（月）	1	2	3	4	5	6
年平均降水量（毫米）	45.4	53.0	79.6	80.3	90.0	166.2
最多年降水量（毫米）	116.1	130.5	189.2	199.0	178.2	390.2
出现年份（年）	1993	1990	1992	2010	1993	1991
最少年降水量（毫米）	10.1	3.5	11.4	22.1	14.5	62.0
出现年份（年）	1988	1986	2001	1988	2001	1981
月份（月）	7	8	9	10	11	12
年平均降水量（毫米）	214.4	143.8	72.9	59.7	55.9	29.5
最多年降水量（毫米）	555.0	303.7	190.5	225.0	145.2	103.3
出现年份（年）	2003	1989	2003	1985	1982	2002
最少年降水量（毫米）	36.9	35.3	0.4	0.4	0.3	0.0
出现年份（年）	1995	1988	2001	1991	1995	1987

表 2.4 统计了 4 个季节的平均降水量及占全年总降水量的百分比。由表 2.4 可见，全年降水量集中在夏季，占全年总量的 48.1%，春季次之，占 22.9%，冬季最少，只有 11.7%。这样的降水量分配情况，基本上满足农作物生长的需水量，自然降水集中的季节，亦是主要农作物最需水的时候。南京个别年份春、秋季降水量（1977 年和 1961 年）可分别占全年的 41.2% 和 43.2%。

表 2.4　四季平均降水量及占全年总降水量的百分比

春季		夏季		秋季		冬季	
降水量（毫米）	占年总量百分比（%）	降水量（毫米）	占年总量百分比（%）	降水量（毫米）	占年总量百分比（%）	降水量（毫米）	占年总量百分比（%）
249.8	22.9	524.3	48.1	188.5	17.3	128.1	11.7

2.3.3　风

（1）年、季及盛行风向：南京全年最多风向是东南偏东风，其次是东北偏北风和东北风。南京地处季风盛行区，秋、冬两季多东北偏北风，尤其冬季多偏北风，春、夏两季多东南偏东风。

（2）各月平均风速和最大风速及其风向：由表 2.5 可见，平均风速最大值在初春的 3 月。最大风速（10 分钟平均最大）是 4 月份的北北西风，风速达 21.0 米/秒，次之是 9 月的北北东风，风速为 18.7 米/秒。说明产生最大风速的北风，不是冬季冷空气南下的偏北风，而是强烈发展的江淮气旋后部的偏北风和春、秋季冷空气南下造成的偏北风。

表 2.5　1981—2010 年各月平均风速、最大风速及其风向

月份（月）	1	2	3	4	5	6	7	8	9	10	11	12	全年
平均风速（米/秒）	2.2	2.5	2.7	2.6	2.4	2.4	2.3	2.4	2.3	2.0	2.0	2.0	2.3
最大风速（米/秒）	13.3	13.7	14.7	21.0	15.7	15.0	16.0	18.5	18.7	15.0	13.0	12.4	21.0
风向	NNE	NE	NNE	NNW	W	NNW	N	W	NNE	NW	2次	NW	NNW
年份（年）	1984	1981	1982	1983	1982	2009	1988	1989	1990	1982	2次	2008	1983
日期（日）	15	16	23	28	3	14	25	13	1	19	2天	21	4月28日

图 2.1 给出了南京逐月平均风速的演变，分析可得平均风速的年变化为一峰一谷的特征，峰值出现在 3—4 月，谷值出现在 10—12 月。这说明春季冷空气活动频繁，大风日数较多，所以平均风速大。夏季南京多雷雨大风，所以平均风速次于春季。冬季除有强冷空气南下造成偏北大风外，大部分时间在单一的冷气团控制下，反而大风不及春夏季多。

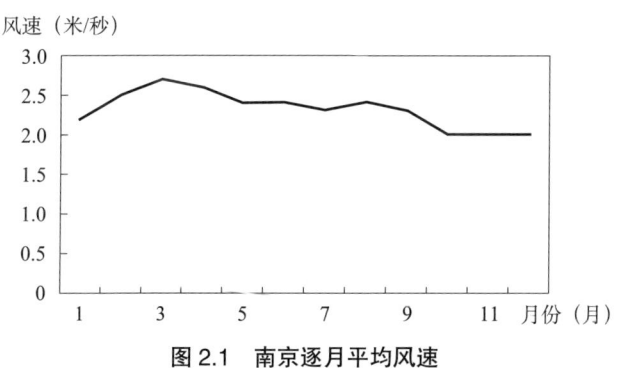

图 2.1 南京逐月平均风速

2.3.4 日照

在一地，太阳实际照射到地面的时数称为日照时数。南京日照时数可以说是充沛的，影响日照的因素除地理位置外，主要决定于降水、云量和雾。

（1）年、月日照时数：据 1981—2010 年的资料统计（表 2.6），南京全年日照时数为 1929 小时，最大值出现在 1992 年为 2273 小时，最小值出现 2007 年为 1680 小时。5 月、7 月、8 月是全年日照时数最多的月份，尤其是 8 月达 202 小时，其中 5 月的日照时数多于夏季的 6 月，是由于 6 月中下旬南京进入梅雨季节。

表2.6 1981—2010年各月（年）日照时数

月份（月）	1	2	3	4	5	6	7	8	9	10	11	12	全年
日照（小时）	125	120	145	170	194	163	197	202	164	164	148	137	1929

（2）季日照时数：由表2.7可见，南京日照时数夏季最多，为562小时，占全年的30%左右，冬季最少，春秋季大致相近。冬季比夏季少180小时，相当于全年的9%。

表2.7 四季平均日照时数与及占全年日照时数的百分比

春季		夏季		秋季		冬季	
日照（小时）	占全年比（%）	日照（小时）	占全年比（%）	日照（小时）	占全年比（%）	日照（小时）	占全年比（%）
509	26.4	562	29.1	476	24.7	382	19.8

第 3 章

南京市主要气象灾害影响及防御指南

3.1 暴雨

3.1.1 定义

一般称 24 小时降雨量大于或等于 50 毫米为暴雨；大于或等于 100 毫米为大暴雨；大于或等于 250 毫米为特大暴雨。如果按照 12 小时的雨量划分，12 小时雨量大于或等于 30 毫米为暴雨；大于或等于 70 毫米为大暴雨；大于等于 140 毫米为特大暴雨。

3.1.2 气候特点

南京从春季 4 月至 5 月开始暴雨增多，6 月中旬至 7 月下旬处于梅雨期，降水集中、强度大，暴雨次数属全年最多，12 月至次年 1 月历史上没有出现过暴雨。全年平均暴雨日数 2.4 天。

3.1.3 不利影响

暴雨,特别是大范围持续性的暴雨和集中的特大暴雨,往往是引起洪涝和城区淹水成灾的直接原因,同时可造成河库溃坝、山体滑坡、农田渍涝等危害,影响严重的会给人们的生命财产带来重大损失。

3.1.4 典型灾害案例

2009年7月7日,南京出现了50年一遇的大暴雨天气,日降水量为1951年以来历史第二高值,暴雨造成南京禄口机场跑道受淹,部分航班延误,南京火车站部分列车晚点;暴雨还导致市内交通阻塞,高速公路部分路段一度限速;玄武区樱铁村小区积水深度达1.6米。据南京市民政局的灾情信息统计:全市受灾人口24453人,紧急转移安置789人;损失房屋227间,其中倒塌14间;农作物受灾面积1837公顷①;直接经济损失2052万元,其中农业直接经济损失415万元。

3.1.5 暴雨预警信号

暴雨蓝色预警信号

标准:12小时内降雨量将达50毫米以上,或者已达50毫米以上且降雨可能持续。

暴雨黄色预警信号

标准:6小时内降雨量将达50毫米以上,或者已达50毫米以上且降雨可能持续。

---

① 1公顷=10000平方米

暴雨橙色预警信号

标准：6小时内降雨量将达100毫米以上，或者3小时内降雨量将达50毫米以上且降雨可能持续。

暴雨红色预警信号

标准：6小时内降雨量将达200毫米以上，3小时内降雨量将达100毫米以上，或者已达100毫米以上且降雨可能持续。

由强对流引发短时间暴雨，伴有大风和雷暴等不稳定降水，可发布雷暴预警信号。

3.1.6 防御措施

（1）山洪、滑坡和泥石流等灾害隐患点的人员和财产及时撤离至安全区域，确保人身安全。住在高楼的居民应关好门窗，不要在高楼阳台上停留，提前将阳台上的盆栽搬到安全地方。

（2）预防居民住房发生内涝，暴雨来临前及时检查检修房屋，清除屋顶树叶等杂物，保持排水口畅通。地势低洼处的居民可在门口放置挡水板或堆砌土坎预防居民住房进水。危旧房、低洼处居民应及时转移，提防危旧房倒塌伤人。

室外积水漫入室内时，或是地下室进水时，应首先切断电源，防止触电，然后将人员转移到安全地区。

（3）在户外积水中行走时，要注意观察，贴近建筑物行走，绕开水流湍急出现涡旋处及危房危墙地带，在看不清水深的情况下不可贸然在水中行走，防止跌入窨井、地坑、涵洞。

（4）车辆减速慢行，绕开积水过深处，特别是立交桥下等

低洼处不要贸然前行。车辆在低洼处抛锚,不要在车里等候,应离开车辆到高处等待救援。

(5)如在街上遇到雷雨大风,行人应立即到室内避雨,不要在大型广告牌下躲雨或停留,以免物品坠落砸伤。

(6)受到洪水威胁,如果时间充裕,应有组织地向山坡、高地等处转移;在措手不及,已经受到洪水包围的情况下,要尽可能利用船只、木排、门板、木床等,水上转移;若洪水来得太快,已经来不及转移时,要立即爬上屋顶、楼房高层、大树、高墙,做暂时避险,等待援救,不要单人游泳转移。

3.2 高温

3.2.1 定义

气象上将日最高气温大于或等于35℃定义为高温,连续5天以上的高温称为连续高温。

3.2.2 气候特点

南京高温一般出现在5—9月,以7月、8月最多,尤其集中在7月中旬至8月上旬,影响严重时还会造成伏旱。南京年平均高温日数为14天。近百年来南京极端最高气温值为43.0℃,出现在1934年7月13日。

3.2.3 不利影响

高温会给人民生活和工农业生产带来影响，尤其是用水、用电等需求量急剧上升，造成供需矛盾。持续性高温还给人们的健康造成危害，甚至危及生命。

3.2.4 典型灾害案例

2013年夏季，南京站高温日数达37天，较常年平均偏多23天，为南京站有气象记录以来高温日数第一高值；2013年极端最高气温40.1℃，出现在8月10日，为历史第三高值；2013年夏季的平均气温也创下有气象记录以来的历史第一高值。受持续极端高温天气影响，南京多家医院连续收治多起重度热射病（严重中暑）患者。

3.2.5 高温预警信号

高温黄色预警信号

标准：连续三天日最高气温将在35℃以上。

高温橙色预警信号

标准：24小时内最高气温将升至37℃以上。

高温红色预警信号

标准：24小时内最高气温将升至40℃以上。

高温预警信号发布后24小时高温仍然持续应再次发布，连续高温应在高温结束后解除预警信号。

3.2.6 防御措施

高温来临前

（1）安装电扇、空调等降温设备，但不要长时间停留在空调房内，也不能长时间直接对着头或身体某一部位吹电风扇。

（2）在窗和窗帘之间安装临时反热窗，如表面为铝箔的硬纸板。

（3）准备防暑降温的饮料和常用药品，如清凉油、人丹等。

高温天气中

（1）白天尽量减少或者避免户外活动，尤其是10时至16时不要在烈日下外出运动和劳动，尽量留在室内，并避免阳光直射，必须外出时要打遮阳伞，穿浅色衣服，戴宽沿帽。

（2）合理设置空调温度，室内外温差太大反而容易中暑、感冒。使用空调时一定要注意适时开窗通风。

（3）浑身大汗时，应先擦干汗水，稍事休息后再用温水洗澡，不要用凉水洗澡。大量流汗后宜适当补充盐分，可少量多次地饮用温盐水、白菊花水、绿豆汤等，不要过度饮用冷饮或含酒精饮料。

（4）选择在清晨或傍晚较凉爽时进行运动，当气温达到35℃以上时最好停止运动，运动时应携带人丹、风油精等常用防暑药物。

（5）持续的高温干旱天气有可能造成供水紧张，应及时储备饮用水。

（6）适当晚睡早起，中午宜午睡，饮食宜清淡，注意饮食卫生，多喝凉茶、绿豆汤等防暑饮品，家中常备防暑降温药品。关心患有心血管病的中老年人，重视中风先兆，如头昏、头痛、半身麻木、酸软无力等，这些症状明显时，要速去医院求诊。

（7）注意防范高温天气下，用电超负荷或电器电线因高温发生自燃而造成的火灾，不用的电器及时关闭电源，拔掉插头。

3.3 台风

3.3.1 定义

台风通常是指发生在热带洋面上的强烈的低压涡旋（热带气旋），常伴有狂风、暴雨、风暴潮等强烈的天气现象。台风和飓风都属于热带气旋，只是由于它们"产地"不同，被不同国家用了不同的称呼。在北半球，西太平洋海域上生成的风力达到12级的热带气旋称之为台风，而东太平洋和大西洋海域则称之为飓风。

热带气旋分为热带低压、热带风暴、强热带风暴、台风、强台风和超强台风六个等级。

表3.1 热带气旋等级划分表

热带气旋等级	中心附近最大风速（米/秒）	中心附近最大风力（级）
热带低压	10.8～17.1	6～7
热带风暴	17.2～24.4	8～9
强热带风暴	24.5～32.6	10～11
台风	32.7～41.4	12～13
强台风	41.5～50.9	14～15
超强台风	≥51.0	16 或以上

3.3.2　气候特点

影响南京地区的热带气旋平均每年 3.1 次，但年际变化不均匀，影响最早的出现在 5 月下旬，最晚的在 11 月下旬，集中期在 7—9 月，尤其是 8 月占总数的 40% 左右。台风路径主要是登陆北上类，即台风中心在长江口以南、汕尾以北登陆后，继续北上穿过北纬 30°，其次是沿海活动类和登陆消失类。

3.3.3　不利影响

台风造成的大风、暴雨等灾害，在南京以 8 月份为最多和最严重，其次是 9 月和 7 月。

3.3.4　典型灾害案例

2018 年有 6 个台风先后影响南京，分别是第 10 号台风"安比"、12 号台风"云雀"、14 号台风"摩羯"、18 号台风"温比亚"、22 号台风"山竹"、23 号台风"百里嘉"；其中 7 月有 1 个，8 月有 3 个，9 月还有 2 个，为历史罕见。

特别是受第 18 号台风"温比亚"影响，8 月 16 日夜里到 17 日南京出现 6～11 级大风，其中 20 站最大风速为 9 级以上。17 日 15 时，南京栖霞区润扬路七乡河大道铁路桥下积水严重，一辆公交车经过铁路桥时被淹没半截，发动机熄火，车上十几人被困。17 日下午，部分地铁限速或停运。南京过江轮渡停航，数十条公交线路暂停原线路运营。与南京直接相关的过江通道、南京二桥和四桥均执行交通管制。17 日 08 时至 18 时，南京禄口机场出港航班取消 59 架次。台风共造成 256 株树木倒伏，多棵大树连根拔起。台风还造成南京全市近百个水库溢洪，部分水位监测站也出现超警戒水位,包括主城、江北、浦口在内,共计出现30余处积水点。

3.3.5 台风预警信号

台风蓝色预警信号

标准:24小时内可能或者已经受热带气旋影响,沿海或者陆地平均风力达6级以上,或者阵风8级以上并可能持续。

台风黄色预警信号

标准:24小时内可能或者已经受热带气旋影响,沿海或者陆地平均风力达8级以上,或者阵风10级以上并可能持续。

台风橙色预警信号

标准:12小时内可能或者已经受热带气旋影响,沿海或者陆地平均风力达10级以上,或者阵风12级以上并可能持续。

台风红色预警信号

标准:6小时内可能或者已经受热带气旋影响,沿海或者陆地平均风力达12级以上,或者阵风14级以上并可能持续。

3.3.6 防御措施

台风来临前

(1)备好应急物品,包括手电筒、食物、饮用水、常用药品等。

（2）加固、关好门窗，必要时玻璃窗可用胶带按"米"字形粘好，防止玻璃破碎后飞溅伤人。将养在室外的动、植物及其他物品移至室内。

（3）防止室内积水，可在家门口安防水板或堆砌土坎。清理排水管道。

（4）检查电路、炉火、煤气，确保安全。

（5）住在低洼地区和危房中的人员要转移到安全住所。

（6）尽量不要安排外出活动。

（7）水上作业人员、临时工棚和地质灾害隐患点的人员要及时转移。水上作业船舶尽快返港避风，人员登陆上岸。

台风过境时

（1）及时关闭电源，尽量避免使用电话。

（2）在台风预警信息尚未解除前，即使出现短暂的平静天气仍须保持警戒。

（3）如果无法撤离至安全场所，可就近选择在空间较小的厕所、壁橱、桌子等坚固物体下躲避。

（4）在高层建筑的人员应及时向底层或低层疏散。

台风过境后

（1）首先及时抢救伤员，齐心协力恢复社区和街道的环境及秩序。

（2）注意饮食卫生，饮用干净的水源，不要过度劳累。

（3）当心被冲毁的路面、损坏的建筑、燃气泄漏、破碎玻璃、损坏的电线以及湿滑的地面等，不要进入结构严重损坏或发生煤气泄漏的房屋。

（4）受灾地区做好环境、饮用水等消毒防疫工作，小心虫、蛇叮咬。

3.4 雷电

3.4.1 定义

雷电是一种大气中的放电现象，一般产生于对流发展旺盛的积雨云中，因此常伴有强烈的阵风和降雨，有时还伴有冰雹和龙卷。

3.4.2 气候特点

南京平均每年有 32 天会出现雷电，夏季是南京雷电的高发期，雷电日数占全年雷电日数的 69%，其次是春季，占全年的 22%。

3.4.3 不利影响

雷电以其强大的电流、炙热的高温、猛烈的冲击以及强烈的电磁辐射等物理效应产生巨大的破坏作用，常常造成人员伤亡、击毁建筑物、供配电系统、通信设备，引起森林火灾，造成仓储、炼油厂、油田等燃烧甚至爆炸，威胁航空航天等运载工具等。

3.4.4 典型灾害案例

2010 年南京发生了多起雷击事故，7 月 23 日傍晚，南京地铁一号线南延线因遭雷击停运 150 分钟；8 月 5 日 14 时，在南京中华门内公交站台有两人遭雷击受伤；9 月 2 日 18 时，在江宁区轿子山有机废弃物处理场有两人遭雷击身亡。

3.4.5 雷暴预警信号

雷暴黄色预警信号

标准：6 小时内可能发生雷电活动，可能会造成雷电灾害事故，并伴有 8 级以上阵风或 20 毫米/小时降雨。

雷暴橙色预警信号

标准：2 小时内发生雷电活动的可能性很大，或者已经受雷电活动影响，且可能持续，出现雷电灾害事故的可能性比较大，并伴有 10 级以上阵风或 50 毫米/小时降雨。

雷暴红色预警信号

标准：2 小时内发生雷电活动的可能性非常大，或者已经有强烈的雷电活动发生，且可能持续，出现雷电灾害事故的可能性非常大，并伴有 12 级以上阵风或 80 毫米/小时降雨。

也可以根据服务需求，同时发布暴雨、大风预警信号。

3.4.6 防御措施

雷暴来临前

（1）结束户外活动，进入室内，关好门窗，避免雷电进屋。

（2）关闭电脑、电视、音响等电器的电源，不宜使用水龙头。

（3）不要接触天线、水管、铁丝网、金属门窗、建筑物外墙，远离电线等带电设备或其他金属装置。

（4）减少使用电话和手机。

（5）不宜游泳或从事其他水上运动，离开水面以及其他空旷场地，寻找地方躲避。

（6）不要站立于山顶、楼顶上或接近导电性高的物体。

（7）切勿处理开口容器盛载的易燃物品。

（8）在路上避雨时不要靠近孤立的高楼、电线杆、烟囱、房角房檐，不能站在空旷的高地上或到大树下躲雨。

（9）在空旷场地不宜打伞，不宜将羽毛球拍、高尔夫球杆等扛在肩上。

（10）不宜开摩托车、骑自行车。

雷暴发生时

（1）在开阔地的人员要关闭手机，躲避在低处，位置处于山涧或峡谷的人员要同时小心突发的洪水。

（2）在汽车里的人员要关好车门、车窗。

（3）多人在一起时应彼此隔开几米远，不要挤在一起。

（4）当高压电线遭雷击落地时，近旁的人必须高度警惕，逃离时应双脚并拢，跳着离开危险地带。

（5）无论身在何处，当感到头发竖立起来时应立即团身蹲下，双手抱头藏在两膝之间，使自己尽可能成为最小的目标，并减少与地面的接触。

3.5 暴雪

3.5.1 定义

暴雪是指 24 小时降雪量大于或等于 10 毫米，且积雪深度大于或等于 5 厘米的降雪。

3.5.2 形成降雪的条件和雨雪相态预报的不确定性

（1）气温条件：气温低，1500 米高空气温达到 $-6 \sim -4℃$，空中是冰晶，低空温度小于 2℃，不至于由于气温过高而融化掉。

（2）水汽条件：水汽量大，且有冷暖气团交汇，足够形成降水。

（3）不确定性：气温预报误差大于 1℃，就导致降雨或降雪的相态不同，所以降雪预报存在较大的不确定性。

3.5.3 形成积雪的条件

经过南京市气象台的统计分析，在南京地区：

（1）当气温（用字母 t 表示，下同）小于 0℃时，所形成的降雪基本为干雪，积雪效率近似为常数 11.00（10.68 ～ 11.00）。

（2）当气温大于或等于 0℃小于 2℃时，所形成的降雪基本为湿雪，积雪效率和气温近似为一个抛物线的关系，积雪效率随着气温的增加而减小（2.98 ～ 7.48）。

（3）当气温大于或等于 2 ℃时，积雪效率为 0.00，此时的降水相态也以降雨为主，较难形成降雪和积雪。

3.5.4 气候特点

南京从 11 月至翌年 4 月都可能下雪，但暴雪多发生在 12 月至翌年 2 月，此阶段也是积雪的集中期。

3.5.5 不利影响

暴雪常造成道路积雪结冰，阻塞交通、损毁农林作物、压塌房屋、损坏输电线路等。

3.5.6 典型灾害案例

近年来，暴雪对春运影响很大，引起高速公路封闭，航班停飞，城市交通受阻。2008 年 1 月 25—28 日，南京出现持续强降雪天气，1 月 28 日观测到的最大积雪深度为 37 厘米，仅次于 1955 年 1 月 1 日的 51 厘米，为 1961 年以来最大值。2009 年 11 月 15 日，南京经历了一场暴雪，最大积雪深度达 14 厘米，打破了同期历史极值。特别是 2010 年春节前，2 月 11 日的大雪夹杂着冰粒、霰等固态降水，使得道路结冰现象严重，造成南京车站旅客大量滞留，严重影响了春运安全。

3.5.7 暴雪预警信号

暴雪蓝色预警信号

标准：12 小时内降雪量将达 4 毫米以上，或者已达 4 毫米以上且降雪持续，可能对交通或者农牧业有影响。

暴雪黄色预警信号

标准：12小时内降雪量将达6毫米以上，或者已达6毫米以上且降雪持续，可能对交通或者农牧业有影响。

暴雪橙色预警信号

标准：6小时内降雪量将达10毫米以上，或者已达10毫米以上且降雪持续，可能或者已经对交通或者农牧业有较大影响。

暴雪红色预警信号

标准：6小时内降雪量将达15毫米以上，或者已达15毫米以上且降雪持续，可能或者已经对交通或者农牧业有较大影响。

3.5.8 防御措施

下暴雪前

（1）注意收听天气预报。

（2）做好防寒准备，包括室内取暖设备及衣物。

（3）食品准备充足。

（4）加固临时搭建物；加固设施农业大棚，覆盖草帘。

下暴雪时

（1）汽车减速慢行，路人当心滑倒；必要时封闭道路。

（2）老、幼、病、弱人群不要外出，注意防寒保暖。

（3）关好门窗，紧固室外搭建物。

（4）高空、水上等户外人员停止作业。

暴雪停后

（1）及时清除道路结冰。道路有积雪后，若气温低于 0℃，易形成道路结冰，对交通影响大，需要及时清理道路积雪和积冰。高架桥和背阴地更容易形成积雪，且不易融化，需要加大除雪力度。

（2）清除积雪，加固临时搭建物。积雪在屋顶上会由于自重形成较明显的雪压，达到一定程度会造成建筑物被压塌，因此，雪后要远离临时搭建物。此外，雪中和雪后要及时清理设施农业大棚棚顶积雪。

3.6 大风

3.6.1 定义

我国天气预报业务中规定，在蒲福风 6 级（平均风速为 10.8～13.8 米/秒）及以上的风，称为大风。

3.6.2 气候特点

南京大风产生的主要原因有秋冬季节的寒潮爆发、春季的江淮气旋、春夏季的强对流天气和夏秋季的台风，因此南京一年四季都会出现大风天气。南京年平均大风日数为 9.4 天，春季和夏季的大风日数较多。

3.6.3 不利影响

大风能折断树木、吹倒房屋，对飞机航行等交通方面带来很大影响。大风对农业也会产生消极作用，它能传播病原体，蔓延植物病害，使作物倒伏、落花落果等而影响产量。

3.6.4 典型灾害案例

2010年8月15日，南京六合区16个村遭受了雷雨大风的袭击，根据自动气象站资料显示，极大风速达22.9米/秒（9级）。大风造成部分农作物绝收，房屋受损，电力、通信、广播电视等基础设施被毁，通信、照明、有线电视中断，直接经济损失1041.3万元，其中农业损失741.3万元。

3.6.5 大风预警信号

大风蓝色预警信号

标准：24小时内可能受大风影响，平均风力可达6级以上，或者阵风8级以上；或者已经受大风影响，平均风力为6～7级，或者阵风8～9级并可能持续。

大风黄色预警信号

标准：12小时内可能受大风影响，平均风力可达8级以上，或者阵风9级以上；或者已经受大风影响，平均风力为8～9级，或者阵风9～10级并可能持续。

大风橙色预警信号

标准：6小时内可能受大风影响，平均风力可达10级以上，或者阵风11级以上；或者已经受大风影响，平均风力为10～11级，或者阵风11～12级并可能持续。

大风红色预警信号

标准：6小时内可能受大风影响，平均风力可达12级以上，或者阵风13级以上；或者已经受大风影响，平均风力为12级以上，或者阵风13级以上并可能持续。

3.6.6 防御措施

（1）大风来临前，及时采摘成熟的瓜果蔬菜，加固设施大棚和畜禽圈舍。

（2）加固门窗、围板、棚架、广告牌等易被风吹动的搭建物，将易受风雨影响的室外物品移至室内，切断危险的室外电源。

（3）大风天气可能会造成停电、断水、交通中断、列车和航班停运等事故，应提前准备一些食物、水和日用品，做好应急防灾准备。

（4）水上作业和过往船舶采取积极的应对措施，加固港口设施，防止船舶走锚、搁浅和碰撞。

（5）停止露天活动和高空等户外危险作业，危险地带人员和危房居民尽量转到避风场所避风。

（6）人员应尽量减少外出，行人在刮风时不要在广告牌、临时搭建物等下面逗留。

（7）风灾发生后对被吹倒的作物、果树等尽快扶正，或者用支架支撑固定。

（8）做好森林防火工作。

3.7 大雾

3.7.1 定义

当近地面空气中的水汽达到饱和状态时，水汽凝结为小水滴悬浮在低空就形成雾。雾会降低能见度，若能见度减小到1千米以下，就称之为大雾，能见度低于500米时称为浓雾，能见度低于50米时称为强浓雾。

3.7.2 气候特点

南京的雾日集中在10月至翌年4月，尤其是11月份雾日最多，占全年雾日数的16.6%。

3.7.3 不利影响

大雾对交通的影响很大，造成航班延误，高速公路上行驶的汽车及航行的船舶等都可能因雾天能见度差引发交通事故，造成人员伤亡和经济损失。另外，雾气中含有一些污染物，呼吸后对人体健康不利。雾对农业生产的危害表现在连续数天的大雾，农作物缺乏光照，影响作物生长并导致病害发生。

3.7.4 典型灾害案例

2010 年 10 月 9 日 08:40，在宁合高速往南京方向 454.1 千米处，一辆水泥槽罐车与一辆湖北籍大客车因大雾追尾相撞起火，两车冲出护栏翻到匝道下，槽罐车叠压在大客车上，事故共造成 17 人死亡，23 人受伤住院，其中 6 人重伤。

3.7.5 大雾预警信号

大雾黄色预警信号

标准：12 小时内可能出现能见度小于 500 米的雾，或者已经出现能见度小于 500 米、大于或等于 200 米的雾并将持续。

大雾橙色预警信号

标准：6 小时内可能出现能见度小于 200 米的雾，或者已经出现能见度小于 200 米、大于或等于 50 米的雾并将持续。

大雾红色预警信号

标准：2 小时内可能出现能见度小于 50 米的雾，或者已经出现能见度小于 50 米的雾并将持续。

3.7.6 防御措施

（1）注意收听天气预报，不要在雾中进行体育锻炼。

（2）尽量不要外出，必须外出时要戴口罩。

（3）骑自行车要减速慢行，听从交警指挥。

（4）司机小心驾驶，须打开防雾灯，与前车保持足够的制动距离，并减速慢行，需停车时要注意先驶到外道再停车。

（5）机场、高速公路、轮渡码头注意交通安全，大雾天尽量不要开车上高速。

3.8 冰雹

3.8.1 定义

冰雹是从强烈发展的积雨云中降落到地面的固体降水物，小如豆粒，大若栗子、鸡蛋。

3.8.2 气候特点

江苏省的冰雹多发生在冷暖空气活动频繁的春季以及强对流发展旺盛的夏季，一般多出现在午后到上半夜。由于它的地理分布具有京杭运河以东多于以西地区、苏北平原多于丘陵地区的特征，因此南京处于低发地区，气象观测站测到的次数不多，但在五区县仍不乏事例，且带来了不同程度的灾害。

3.8.3 不利影响

冰雹一般出现的范围小，时间也比较短促，但来势猛、强度大，常伴随着雷电和狂风。冰雹可对露天农作物、蔬菜大棚及户外的人员、生物和物品造成较大的损害。

3.8.4　典型灾害案例

2008 年 5 月 24 日下午，南京六合区马鞍镇平山林场附近出现冰雹天气，冰雹最大直径达 20 毫米，持续时间为 20 分钟左右，给当地的农作物带来很大损失。

3.8.5　冰雹预警信号

冰雹橙色预警信号

标准：6 小时内可能出现冰雹天气，并可能造成雹灾。

冰雹红色预警信号

标准：2 小时内出现冰雹可能性极大，并可能造成重雹灾。

3.8.6　防御措施

（1）妥善安置易遭受冰雹影响的室外物品、汽车等。

（2）在蔬菜大棚上加盖草帘，防止冰雹击坏棚顶和种植物。

（3）将家禽、牲畜等赶到带有顶蓬的安全场所。

（4）冰雹一般会伴随大风和雷暴，不要进入孤立的棚屋、岗亭等建筑物或待在大树下，出现雷电时应当关闭手机。

（5）尽量不要外出，户外行人和作业人员立即到安全的地方暂避。

3.9 低温、冰冻天气

3.9.1 低温期定义

低温期指日最低气温低于 0℃的时期，对南京地区而言，主要集中在 12 月至翌年 2 月。

3.9.2 冰冻期定义

冰冻期一般指日平均气温低于 0℃的时间，对南京地区而言，主要集中在 1—2 月。

3.9.3 气候特点

1951—2019 年，南京地区平均每年有近 50 天（49.7 天）的低温期，最多的年份是 1969 年（81 天），最少的年份是 2019 年（21 天）。低温期只出现在秋冬季，不同月份低温期平均日数不同，1 月 18.8 天，2 月 12.1 天，3 月 2.7 天，11 月 2.3 天，12 月 13.3 天，其他月份没有。

1951—2019 年，南京平均每年有 13.4 天的冰冻期，最多的年份是 1984 年（35 天），最少的年份是 2007 年、2015 年和 2017 年（0 天）。冰冻期只出现在 1—3 月和 11—12 月。冰冻期持续时间最长的年份是 1954/1955 年冬天，持续期达 23 天，日平均最低值为 -9℃，1 月 6 日最低气温在 -14℃，为历史极值。

3.9.4 不利影响

当日平均气温低于 0℃时，土壤开始冻结，越冬作物将受冻害影响。日平均气温小于或等于 0℃时期愈长，温度愈低，冻害随之愈严重。含有水分的土壤，当温度下降到 0℃或以下而冻结的深度为冻土深度，冻土对农业、农事安排、水利及工业地下设施的设计和施工均有很大影响。

在冬季，当日平均气温小于或等于 0℃，且持续时间较长，人们会感到"寒冷彻骨"。冬季的冷暖不仅关系到过冬时节人体感受的舒适度，而且与老年人、长期患病者以及牲畜等的安全过冬有关；就农作物的越冬生长、城市蔬菜的保障供应等而言，则更为密切。暖冬年越冬作物旺长，麦子提前拔节，油菜提前抽苔，不仅消耗大量的水肥，而且抗寒能力下降，早春稍遇低温，即会造成冻害；在冷冬年，除对麦子和油菜有冻害外，对蔬菜、茶叶以及常绿果树均会造成严重危害，影响市场供应和经济效益。

3.9.5 典型灾害案例

2008 年南京低温期 52 天，冰冻期 27 天，1 月 13 日至 2 月 14 日这 33 天中，有 23 天日平均气温小于或等于 0℃，给人民的生产生活造成严重影响。道路上，积雪成冰、寸步难行；车站内，交通受阻、旅客滞留；居民区，房屋倒塌，居民有家难归；大山里，大雪围困、水电断缺。

2013 年 1 月，南京地区持续气温偏低，出现了 3 天冰冻期，秋播作物生长积温明显偏少，生育期偏迟，苗情生长不平衡，弱小苗比例较高，部分弱小苗出现轻微冻伤现象。

2013 年 12 月下旬，冷空气势力增强，南京出现明显的降温，大部分地区最低气温持续低于 -5℃，北部地区低于 -7℃。整个下旬仅有 1 天日最低气温大于 0℃（0.4℃），累计出现了

10 天低温期。由于前期持续降水偏少,特别是北部六合地区出现旱冻叠加的情况,持续低温对农业影响较大,冬小麦和油菜等不同程度受到冻害。

2015 年 1 月,上旬南京站观测到 5 天低温期,北部地区出现 -7℃以下的极端低温,低温期使得小麦和油菜均有轻微冻害。

2016 年 1 月 23—25 日,南京出现严重的冰冻,24 日早晨全市最低气温创 1992 年以来的新低(南京站 -9.8℃)。此次过程降温幅度大,极端低温低,对部分田块造成冻害,影响较大的主要是部分旺长麦、迟播麦。由于 2015 年水稻腾茬晚,全市晚播麦面积较大,特别是刚出苗的小麦田,冻害偏重;旺长小麦和抽薹早的油菜冻害也偏重;已播种未出苗的小麦或者已经有分蘖未拔节的小麦,长势健壮、未抽薹的油菜,冻害影响相对较小。蔬果也遭受冷害冻害,损伤部位易发生病害。温室内茄果类蔬菜生长缓慢,黄瓜等不耐冻蔬菜发生冻死现象;露地大蒜等蔬菜也发生冻害。

2018 年 1 月,南京出现了三次明显雨雪天气,六合、浦口和江宁地区出现大面积设施大棚垮塌损毁,损失较为严重;月末气温大幅走低,大部分地区出现 -8℃以下的极端低温,设施农业出现叠加灾害,设施大棚内的蔬菜瓜果和园艺花卉等不同程度地受到冻害。雨雪过后,进入持续冰冻期,对交通、电力、城市运行等带来明显影响,南京禄口国际机场 300 余架次航班取消,数万名旅客行程受阻,京沪高铁、沪宁城际、宁杭高铁、郑徐高铁等线路,出现多趟列车晚点。

第4章

气象信息获取

气象信息的传播渠道分为传统媒体和新媒体两类。相比传统媒体，使用新媒体渠道可以与气象部门进行互动，获取的信息也更加及时。

4.1 传统媒体

传统媒体包括电视、广播、报纸、电话、传真、手机短信、网站、显示屏等。

电视天气预报节目有5档，分别出现在南京新闻综合频道的《南京午新闻》和《南京新闻》、南京教科频道的《天气资讯》和《法治现场》、南京十八频道的《标点气象》节目中。

各类广播（包括应急广播）中常有天气预报节目。例如，南京交通广播电台（FM102.4兆赫）的《交通气象快报》在每天的07:30—18:30期间每个半点播报。

纸媒一般都有天气预报的版块，如《南京日报》《扬子晚报》《金陵晚报》等。

声讯电话可以通过拨打"96121""12121"按提示查询天气预报，中央气象台气象服务热线为"400-6000-121"。

气象网站包括中国天气网江苏站（http://js.weather.com.cn/）；南京市气象局官方网站（http://js.cma.gov.cn/dsjwz/njs/）。

显示屏常布设在公共场所，可以提供天气实况、预报预警信息，还有气象科普及防灾减灾应对知识。

因生产生活的需要而有特殊气象信息获取的需求，可以联系当地气象部门订制。

南京市气象台：025-58065528。

六合区气象台：025-57126756。

浦口区气象台：025-58882117。

江宁区气象台：025-52281194。

溧水区气象台：025-57212070。

高淳区气象台：025-57888909。

手机移动气象站可以每日提供天气预报短信（可以在"移动掌上营业大厅"或柜台订制）。

4.2 新媒体

随着智能手机的普及，公众通过微博、微信、手机 APP 等平台，可以随时随地获取最新的气象资讯，还可以通过点击菜单、转发留言等方式与气象部门进行互动。

南京市、区气象部门开通的新媒体平台可以通过手机扫描下列二维码来体验。

第 4 章 气象信息获取 | 063

南京气象
微信订阅号

南京气象
微信服务号

南京气象
新浪微博

南京气象
今日头条号

六合气象微信

六合气象微博

浦口气象微信

浦口气象微博

江宁气象微信

江宁气象微博

溧水气象微信

溧水气象微博

高淳气象微信

高淳气象微博

4.3　南京市社区治理一体化信息平台中的气象信息

网格员可通过南京市社区治理一体化信息平台及时获取气象预警信息（图4.1）。当气象局发布气象灾害预警时，社区治理一体化信息平台会向预警涉及区域范围的网格员自动推送预警信息（图4.2）。

图 4.1　南京市社区治理一体化信息平台界面

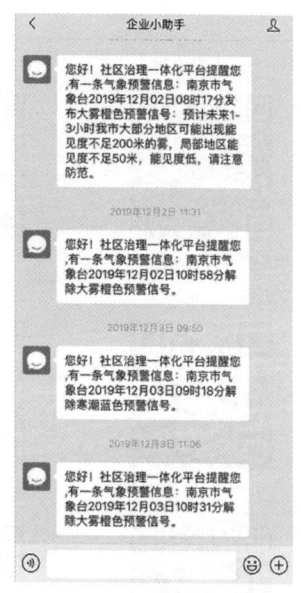

图 4.2　预警信息的推送

登录 APP 首页，点击右上角气象预警，可获取最新发布的气象预警信息（图 4.3）；点击历史天气，可根据时间段查看历史预警（图 4.4）。

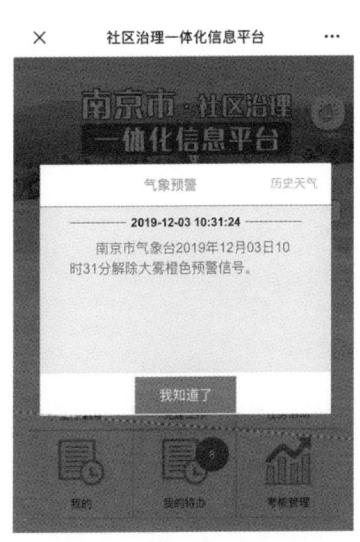

图 4.3　获取气象预警信息

图 4.4　查询历史预警信息

第 5 章 网格员气象工作指南

5.1 主要职责

在《关于印发〈南京市网格化社会治理工作网格员工作清单(试行)〉的通知》中,第3条民生服务保障中对灾害预警的职责进行了规定,即根据职能部门通报及时向网格内居民、单位传播重大灾害预警信息,协助参与灾害防御,及时报告灾情。

5.1.1 传播预警信息

从正规途径获取气象部门发布的气象灾害预警信息后,应通过快速有效的方式及时准确地向辖区内群众进行广泛传播,这些方式包括:微信群、QQ 群、应急广播、电话、短信、显示屏、张贴宣传、黑板报等不见面形式,以及进村入户、口口相传等面对面的告知形式,使得气象灾害预警信息在有效时间内获得全覆盖。

5.1.2 参与灾害防御

积极参加气象灾害防御课程的培训学习，定期在辖区内开展相关知识宣讲，组织群众开展防灾减灾应急演练。对接当地气象部门，走进基层开展科普宣传和授课答疑，提出或反馈基层对气象服务的意见和建议，对气象信息的真实性进行分析把关，防止传播虚假信息。协助当地政府部门开展灾前防御准备和灾后救灾，指导帮助群众科学开展防灾避灾抗灾工作。

5.1.3 及时报告灾情

获悉或者确认有气象灾情发生后，应及时收集当地受灾信息，并积极开展实地调查，灾情信息包括灾害发生的时间、地点、种类、人员伤亡和财产损失等主要内容。灾情确认后，可以通过南京市气象局官方微博@南京气象、微信"南京气象服务号"等方式报告当地气象部门。

5.2 工作流程

收到气象部门发布的气象灾害预警信息后，通过有效手段进行广泛传播。在气象灾害来临时，开展防灾准备和宣传。灾中灾后，组织群众开展抗灾避险，并及时报告灾情，为政府协同救灾提供准确信息。具体见图5.1。

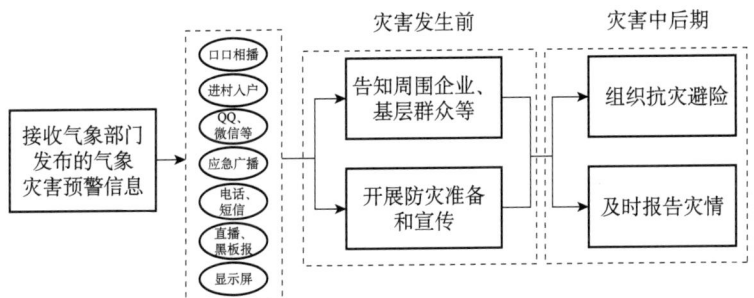

图 5.1　网格员灾害预警工作流程图

附录1

天气预报产品的制作

天气预报的制作过程简单讲分四步，即数据采集、分析计算、会商决策和制作发布。

第一步，数据采集。没有从天基、空基到地基的垂直立体观测，天气预报就缺乏"初值"，就像发动机缺乏"原油"一样，预报员也就无法制作预报产品，因此，气象观测是最基础的环节。天基观测主要采集地球大气层（云）的演变状态信息，通常是应用气象卫星来完成的。我国的气象卫星有风云系列的静止（相对于地球静止的）气象卫星和极轨（相对地球运动的）气象卫星，所获得的信息经处理后成为大家所熟悉的卫星云图。空基观测主要是采集高空大气的气温、气压、湿度、风向风速等气象数据，一般通过施放探空气球或飞机来完成，所获得的信息经处理后成为高空天气形势图（简称"高空图"）。预报员经常分析的高空天气图有850百帕、700百帕和500百帕天气图等。地基观测主要采用地面气象站、天气雷达和大气电场仪等建设在地面上的气象观测仪器进行观测，所获得的气象信息经处理后生成地面天气图、雷达回波图和大气电场强度图等。

第二步，分析计算。传统的天气预报分析计算主要以统计分析为主，就是预报员通过人工分析高空和地面天气图，结合大气环流形势分析、当地的天气气候特点统计、个人预报经验总结等，得出时空尺度宽泛、量级笼统的预报结论。这个结论较为主观，准确率相对较低。现在的天气预报分析计算则主要以数值天气预报为主，即依托高性能计算机集群，将海量气象数据代入复杂的数理方程，经过高速计算最终集成客观化的数字预报结果，预报员则主要分析这些数值预报天气图，结合天气动力学原理、典型天气概念模型和人工智能技术等，形成定时、定点和定量的精细化预报结论。相对于传统天气预报，数值天气预报生成的气象要素更丰富、时空信息更精确、预报产品更客观，预报准确率更高。目前预报员应用较多、效果更好的有欧洲中期天气预报中心、美国、中国、日本、德国等国家发布的数值天气预报产品。

第三步，会商决策。所有的天气预报都是集体智慧决策的结果。即必须经过从中央气象台、省气象台到市、县气象台首席预报员、精细化预报岗和监测预警岗等各岗位预报员的集体会商和充分讨论，由上级气象台站给出指导意见，下级台站结合天气实况跟踪和数值预报产品质量检验、客观要素解读等，进行快速更新订正，最后经综合决策形成集体预报结论。

第四步，制作发布。有了预报结论，各岗位预报员将根据相应的气象服务需求、业务流程等，加工制作成内容不同、时效不一、形式多样的书面或电子气象预报产品及服务产品，统称为延伸期预报（10～30天）、中期天气预报（3～10天）、短期天气预报（12小时至3天）、短时天气预报（几分钟至12小时），或称为决策天气预报、公众天气预报和专业天气预报产品，并通过广播、电视、报纸、电话、传真、网络、手机、电子显示屏等媒介精准发布，开展精致服务。

附录2

南京市突发事件预警信息发布管理办法

宁政办发〔2017〕166号　南京市人民政府办公厅

第一条 为规范我市突发事件预警信息（以下简称预警信息）发布工作，及时、准确、客观地向社会提供权威的预警信息，最大限度预防和减少突发事件发生及其造成的危害，保障人民群众生命财产安全，维护社会稳定，依据《中华人民共和国突发事件应对法》《江苏省突发事件预警信息发布管理办法》等法律法规及规定，结合本市实际，制定本办法。

第二条 在本市行政区域内向社会发布预警信息，应遵守本办法。法律、法规、规章和上级行政规范性文件另有规定的，从其规定。

第三条 本办法所称预警信息，是指发生或者可能发生，造成或者可能造成严重社会危害，可以预警的自然灾害、事故灾难、公共卫生事件信息。

社会安全事件的预警信息发布适用相关法律、法规的规定；

相关法律、法规没有明确规定的，可以参照本办法执行。

第四条 预警信息的级别，按照突发事件发生的紧急程度、发展势态和可能造成的危害程度分为Ⅰ级（特别严重）、Ⅱ级（严重）、Ⅲ级（较重）和Ⅳ级（一般），分别用红色、橙色、黄色和蓝色标示，Ⅰ级为最高级别。

预警信息的类别和级别按照《南京市突发公共事件总体应急预案》及各类突发事件专项应急预案的规定执行。

第五条 预警信息要素包括发布机关、发布时间、突发事件类别、起始时间、可能影响范围、预警级别、警示事项、事态发展、相关措施、咨询电话等内容。

第六条 预警信息发布工作应遵循"以人为本、预防为主，政府主导、部门联动，分类管理、分级预警，及时无偿、规范发布"的原则。

第七条 预警信息由市、区人民政府或其委托的部门和单位，按权限在突发事件可能影响的区域内发布。

可以预警的突发事件即将发生或者发生的可能性增大时，市、区人民政府或其委托的部门和单位应当向社会公开发布相应级别的预警信息，市、区人民政府根据突发事件情况按应急预案决定并宣布有关地区进入预警期，同时向上一级人民政府及相关部门报告，必要时可越级上报，并向驻地中国人民解放军、中国人民武装警察部队和可能受到危害的毗邻地区或相关地区人民政府通报。

第八条 市、区人民政府应当按照南京市"十三五"突发事件应急体系建设规划要求，建立健全统一规范的预警信息发布平台，形成与国家、省相互衔接、规范统一的全市突发事件预警信息发布体系，充分利用广播、电视、报刊、互联网、手机短信、电子显示屏等方式公开播发预警信息。

第九条 市、区人民政府应急管理委员会及其办事机构负责本行政区域内预警信息发布的综合协调、检查评估等组织管理工作。

第十条 气象部门负责全市突发事件预警信息发布平台建设、运行、维护和管理，会同有关部门和单位按照国家、省预警信息发布系统要求，统筹规划、整合资源，研究制定预警信息统一发布的流程，建立与国家、省、区相互衔接、与预警信息发布部门相互链接、规范统一、快捷高效的南京市突发事件预警信息发布平台，做好预警信息向广播、电视、网站、通信运营企业等传媒推送和发布工作，向社会发布突发事件预警信息。

建立的突发事件预警信息发布平台为预警信息发布职能部门和单位发布预警信息提供平台，不改变现有预警信息发布责任权限，不替代相关部门已有发布渠道。

第十一条 公安、国土、建设、环保、交通运输、农业、绿化园林、食药督、水务、卫计、人防、安监、地震、气象、海事、消防、供电、通信等负有预警信息发布职能的部门和单位应切实履行各自职责，建立健全监测网络，建立完善预警信息分级发布标准、流程和审核审批制度，确定专门机构和指定人员负责预警信息制作、审核、发布（含变更和解除），做好相应类别的突发事件监测预警、信息审核、评估检查等工作。

第十二条 需要向社会发布的预警信息由相应的预警信息发布职能部门和单位按规定履行必要的审核审批程序后，通过设在本级气象部门的突发事件预警信息发布平台和相关部门已有发布渠道发布，并对所发布信息内容、质量负责。

负有预警信息发布职能的部门和单位应当做好与设在本级气象部门预警信息发布平台的衔接，建立健全相互之间联系人制度和合作工作机制，明确发布格式、流程和责任权限等，充分利用预警信息发布平台向社会发布预警信息。

承担预警信息发布平台运行的气象部门所属机构应当按照国家、省预警信息发布系统工作要求,为预警信息发布职能部门和单位无偿提供预警信息录入客户端,及时做好发布相关服务,并加强发布平台建设与运维管理,强化安全保障,不断提高预警信息发布能力。

第十三条 负有预警信息发布职能的部门和单位应当针对可能出现的突发事件进行分析研判,必要时组织有关专家学者、专业技术人员进行会商。对达到预警级别标准的突发事件,经会商研判需要向社会发布的,应按职责分工和权限及时制作发布预警信息,必要时按规定形成预警信息发布建议报本级人民政府审批。

第十四条 预警信息发布应实行严格的审签制,发布Ⅰ级、Ⅱ级预警信息应由本级政府主要负责人、突发事件专项应急指挥机构主要负责人或本级政府受委托部门、单位的主要负责人签发;发布Ⅲ级、Ⅳ级预警信息应由本级政府受委托部门、单位的主要负责人或分管负责人签发。

受政府委托的部门或单位发布Ⅰ级、Ⅱ级预警信息,应同时向本级政府应急管理办事机构备案。

发布可能引起公众恐慌、影响社会稳定的预警信息,需经省、市人民政府批准。

未经批准和委托,任何单位、个人不得向社会发布预警信息。

第十五条 区人民政府、镇人民政府、街道办事处负责组织落实预警信息在基层的传播工作,督促村(居)民委员会、企业事业单位组织指定专人负责预警信息接收传递工作。对老、幼、病、残等特殊人群和通信、广播、电视盲区及偏远地区的人群,应当充分发挥基层信息员的作用,通过走街串巷、进村入户，采用有线广播、高音喇叭、鸣锣吹哨等传统手段传递预警信息，确保预警信息全覆盖。

学校、医院、机场、车站、广场、公园、旅游景点、厂矿企业、建筑工地等人员密集区和公共场所管理单位收到预警信息后，应通过告示、电子显示屏、有线广播等方式立即传播预警信息。

第十六条 各级广电、新闻出版、通信等主管部门，应协调指导新闻媒体、网站、通信运营企业等与市、区预警信息发布平台建立联动工作机制，推动各类信息传播渠道切实履行社会责任，建立预警信息快速发布的"绿色通道"，确保多途径、多手段在第一时间无偿向社会公众发布预警信息。

广电部门要认真做好全市预警信息广播电视传播体系的建设、运行、维护和管理工作，加快应急广播系统建设，会同相关部门和单位统筹推进村和社区预警信息传播系统等工程，努力提高预警信息的覆盖面和时效性。

报纸、广播、电视等新闻媒体、互联网新闻信息服务单位应当切实承担社会责任，按照预警信息发布要求建立完善预警信息响应机制和流程，快速、准确、权威、无偿播发或刊载预警信息。

电信、移动、联通等通信运营企业应按照当地政府及其受委托部门要求，第一时间安排预警信息免费发送，并根据应急需求，及时升级改造发送平台，提高预警信息发送效率。

公共场所电子显示屏、有线广播等传播媒介的所属单位应按照预警信息发布要求，充分利用新媒介技术，布设、升级或改造相应设施，落实专人负责有关工作，及时接收和发送预警信息。

广播、电视、电子显示装置等可即时传播的媒体，对收到的红色、橙色预警信息，应当立即安排首播，并在预警信息解除前滚动播发。

第十七条　相关地区和部门在收到预警信息后，应当及时通知所属以及所管理的部门、单位，按照有关应急预案和规定采取有效措施做好防范应对工作，避免或减轻突发事件造成的危害。

第十八条　负有预警信息发布职能的有关部门和单位应加强对预警信息的动态管理，根据事态发展变化，适时调整预警级别、更新预警信息内容，并重新发布、报告和通报有关情况。

有事实证明不可能发生突发事件或者危险已经解除的，发布预警信息的有关部门和单位应当及时宣布终止预警，并解除已经采取的有关措施。

第十九条　相关地区和部门应当加强预警信息的宣传教育工作，组织开展多种形式的宣传教育活动，教育引导公众主动自觉地从法定渠道获取预警信息，更加有效地利用预警信息，切实增强社会公众防灾减灾意识和自救互救能力。

第二十条　有下列行为之一的，按照有关规定，追究直接负责的主管人员和其他责任人员的责任：

（一）玩忽职守，导致预警信息发布工作出现延误或失误，造成严重后果的；

（二）违反法律、法规和有关规定向社会发布与传播预警信息的；

（三）报纸、广播、电视等新闻媒体、互联网新闻信息服务单位、电信运营企业擅自更改、故意拖延或不配合发布、刊载和传播预警信息的；

（四）编造虚假预警信息向社会发布与传播的；

（五）非预警信息发布责任部门发布预警信息的；

（六）违反预警信息发布管理造成严重后果的其他行为。

第二十一条　本办法自印发之日起施行。

突发事件预警信息发布(审批)单

突发事件名称	××(类型)××(级别)预警		
发布状态	首次/继续/变更/解除		
发布(制作)单位与制作人	××委(局)××中心(台)/××中心(台),×××		
发布时间			
发布内容			
发布范围			
发布对象			
其他要求			
联系人		联系电话	
本级政府受委托部门(单位)负责人或专项应急指挥部(领导小组)负责人或本级政府领导审批意见: 年 月 日		申请意见: (申请单位盖章) 年 月 日	

附录3

江苏省灾害性天气预警信号图标

暴雪预警信号

◆ 暴雪蓝色预警信号

◆ 暴雪黄色预警信号

◆ 暴雪橙色预警信号

◆ 暴雪红色预警信号

暴雨预警信号

◆ 暴雨蓝色预警信号

◆ 暴雨黄色预警信号

◆ 暴雨橙色预警信号

◆ 暴雨红色预警信号

冰雹预警信号

◆ 冰雹橙色预警信号

◆ 冰雹红色预警信号

大风预警信号

◆ 大风蓝色预警信号

◆ 大风黄色预警信号

◆ 大风橙色预警信号

◆ 大风红色预警信号

大雾预警信号

◆ 大雾黄色预警信号

◆ 大雾橙色预警信号

◆ 大雾红色预警信号

高温预警信号

◆ 高温黄色预警信号

◆ 高温橙色预警信号

◆ 高温红色预警信号

道路结冰预警信号

◆ 道路结冰黄色预警信号　　◆ 道路结冰橙色预警信号　　◆ 道路结冰红色预警信号

雷暴预警信号

◆ 雷暴黄色预警信号　　◆ 雷暴橙色预警信号　　◆ 雷暴红色预警信号

台风预警信号

◆ 台风蓝色预警信号　　◆ 台风黄色预警信号

◆ 台风橙色预警信号　　◆ 台风红色预警信号

霾预警信号

◆ 霾黄色预警信号

◆ 霾橙色预警信号

◆ 霾红色预警信号

寒潮预警信号

◆ 寒潮蓝色预警信号

◆ 寒潮黄色预警信号

◆ 寒潮橙色预警信号

◆ 寒潮红色预警信号

海区大雾预警信号

◆ 海区大雾黄色　　◆ 海区大雾橙色
　预警信号　　　　　预警信号

海区大风预警信号

◆ 海区大风黄色　　◆ 海区大风橙色　　◆ 海区大风红色
　预警信号　　　　　预警信号　　　　　预警信号